农村劳动力培训阳光工程项目

畜禽繁殖员

王玉琴　主编

中原出版传媒集团

中原农民出版社

·郑州·

图书在版编目（CIP）数据

畜禽繁殖员/王玉琴主编 . —郑州：中原出版传媒集团，
中原农民出版社，2013.10
（农村劳动力培训阳光工程项目）
ISBN 978 - 7 - 5542 - 0595 - 2

Ⅰ . ①畜… Ⅱ . ①王… Ⅲ . ①畜禽 - 饲养管理 - 技术
培训 - 教材 Ⅳ . ①S815

中国版本图书馆 CIP 数据核字（2013）第 243658 号

出版： 中原出版传媒集团　中原农民出版社
（地址：郑州市经五路 66 号　　电话：0371—65751257
邮政编码：450002）
发行单位： 全国新华书店
承印单位： 郑州文华印务有限公司
开本： 787mm×1092mm　　　　1/16
印张： 10
字数： 210 千字
版次： 2013 年 10 月第 1 版　　　　**印次：** 2013 年 10 月第 1 次印刷

书号： ISBN 978 - 7 - 5542 - 0595 - 2　　　　**定价：** 20.00 元
本书如有印装质量问题，由承印厂负责调换

编写说明

2013 年，农业部办公厅、财政部办公厅联合下发了《2013 年农村劳动力培训阳光工程项目实施指导意见》，意见指出"农业职业技能培训、农业创业培训不得以简单的讲义、明白纸等代替培训教材"。为了贯彻落实意见精神，在河南省农业厅的大力支持下，我们与河南省农广校、河南省农业科学院、河南农业大学等有关单位联合编写了这套适合职业农民培训的教材——农村劳动力培训阳光工程项目地方统编教材。本套教材立足培养农村生产经营型人才、专业技能型人才和社会服务型人才，包括《病虫专业防治员》《畜禽养殖技术员》《水产养殖技术员》《村级动物防疫员》《乡村兽医》《人工草地建植员》《水产动物病害防治员》《果桑茶园艺工》《花卉园艺工》《蔬菜园艺工》《肥料配方师》《农药经销员》《兽药经销员》《种子代销员》《农机操作员》《农机维修员》《沼气工》《畜禽繁殖员》《合作社骨干员》《农村经纪人》《农民信息员》《农业创业培训》《乡村旅游服务员》《太阳能维护工》等 24 个品种。

本套教材汇集了相关学科的专家、技术员、基层一线生产者的集体智慧，轻理论重实践，突出实用性，既突出了教材的规范性，又便于农民朋友实际操作。

因教材编写的需要，作者采用了一些公开发表的图片或信息，由于无法与这些图片和信息作者取得联系，在此，谨向图片及有关信息所有者表示衷心感谢，同时希望您随时联系 0371—65750995，以便支付稿酬。

由于时间紧，编写水平有限，疏漏谬误之处，欢迎批评指正，以便我们在改版修订中完善。

丛书编委会
2013 年 9 月

目　录

第一章　畜禽繁殖员基础知识

【知识目标】

1. 了解畜禽繁殖员职业要求。
2. 了解母畜禽的生殖器官特征。
3. 了解生殖激素的功能和作用特点。
4. 了解畜禽性机能发育各阶段相关知识。

【技能目标】

1. 掌握生殖激素的应用方法。
2. 掌握畜禽生理成熟期和畜禽繁殖特性。

第一节　畜禽繁殖员职业概述

一、畜禽繁殖员的工作

畜禽繁殖员的职业定义是：根据畜禽繁殖规律，按照选种、选配计划，从事采精、人工授精、人工辅助配种及有关记录的工作。

畜禽繁殖员协助畜牧师开展畜禽繁育工作，是畜禽优良品种选择的执行者，是配种计划的实施者，也是畜禽繁殖全程工作的记录者。

做好畜禽繁殖和改良工作是畜禽繁殖员的光荣任务。

> **畜禽繁殖与改良的意义**
>
> 有利于畜牧业发展。
> 提高畜禽的生产能力。
> 为育种工作打下坚实的基础。
> 有利于规模化生产。
> 提高畜禽产品的质量和国际竞争能力。

二、畜禽繁殖员的职业要求

1. 基础知识要求

初级工：了解畜禽生物学特征和一般饲养管理知识，畜禽生殖器官构造机能，畜禽采精、配种操作规程常识，畜禽人工授精技术和精液处理常识，人工授精器具的构造、使用、消毒和保管常识，畜禽繁育、采精、配种各项记录常识。

中级工：熟悉畜禽繁殖生理常识，畜禽繁殖方法和生殖器官生理机能，繁殖生理知识，畜禽精液质量评定知识，畜禽生殖系统常见病防治常识。

高级工：掌握畜禽繁殖、遗传一般知识，畜禽生殖激素功能一般知识，畜禽繁殖生产管理知识，国内外畜禽繁育生产先进经验，畜禽繁殖场常识。

2. 基本技能要求

初级工：掌握采精、配种操作规程，熟练进行安全操作，掌握公畜配种期与非配种期的管理，识别母畜发情征兆，适时配种，掌握采精、人工授精和一般精液处理技术，掌握畜禽采精、输精器具的使用、洗刷、消毒和保管，准确填写记录。

中级工：能够执行选种、选配和繁育计划，能识别家畜正常发情与异常发情和高产与低产家禽的特征，掌握家畜妊娠诊断技术，可以独立操作精液质量评定和冷冻精液处理，能识别家畜一般生殖疾病并协助兽医处理。

高级工：能拟订畜禽繁殖生产计划和实施方案，协助技术人员统计、分析各项记录、进行总结，识别不同生产用途畜禽外形特征，在技术人员指导下可以进行畜禽体质外形评分、体尺测量鉴定，协助制订畜禽繁殖场和饲养工艺设计方案。

3. 职业道德

繁殖员职业道德的一般要求：忠于职守，尽职尽责；诚实守信，忠心不二；乐于服务，热情周到；勤于业务，精益求精。

第二节　畜禽繁殖器官基本知识

一、家畜的生殖器官

（一）公畜

公畜的生殖器官主要由睾丸（及阴囊）、附睾、输精管、副性腺、尿生殖道、阴茎组成。

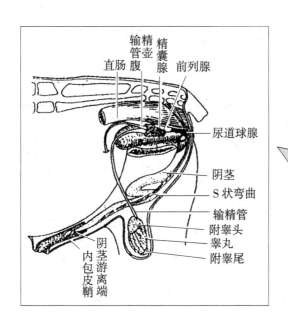

公牛生殖器官剖示图

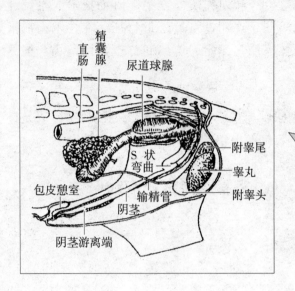

公猪生殖器官剖示图

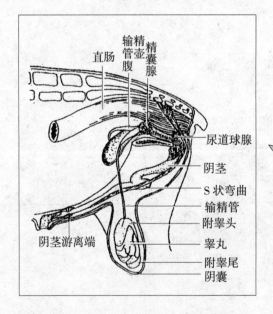

公羊生殖器官剖示图

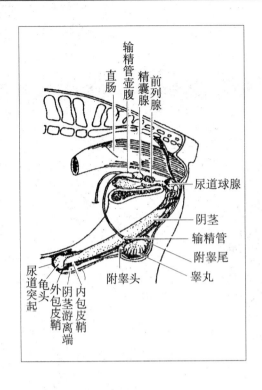

输精管壶腹
精囊腺
前列腺
直肠
尿道球腺
阴茎
输精管
附睾尾
睾丸
附睾头
尿道突起
龟头
外包皮鞘
阴茎游离端
内包皮鞘

公马生殖器官剖示图

1. 睾丸和阴囊

（1）公畜的睾丸　呈卵圆形，表面光滑，左右各一个（大小一致为佳），位于阴囊中，悬吊或紧贴于腹后部，各种家畜睾丸的形态、大小、位置不同。羊的睾丸最大，牛和猪的睾丸也相对较大，兔的睾丸较小。睾丸可以看成腹腔内的一个器官，睾丸跟腹腔的其他器官一样，紧贴在睾丸表面的固有鞘膜相当于睾丸的腹膜脏层，是腹膜的壁层折转到睾丸上形成的。固有鞘膜的下面是由结缔组织构成的白膜，这些白膜进一步延续到睾丸的实质部分，形成许多小室，叫做睾丸小叶，小叶内有曲精细管。

营养细胞

曲精细管

生精细胞

营养细胞的作用是提供营养，建造管道。

生精细胞是由精原细胞到精子各个不同发育阶段的生殖细胞构成的，这就是精子的发源地。

睾丸内数量众多的曲精细管向睾丸内汇合成较少的睾丸输出管，再穿出睾丸的白膜，进入附睾头，这个通道是为精子而设置的，精子形成后由这个通道进入附睾。

　　在家畜胎儿期，睾丸和附睾位于腹腔中，大多数家畜发育到一定时期，睾丸才下降到阴囊内。

睾丸的生理功能
　　支持公畜生成精子和分泌雄激素。

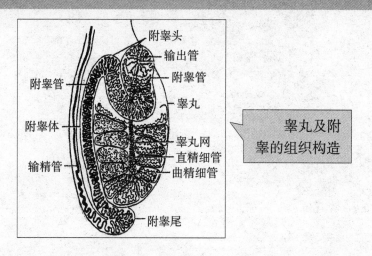

睾丸及附睾的组织构造

　　（2）阴囊　可以看成皮肤在该处突出的一个袋状结构，是腹部的一部分，对睾丸有保护作用。

阴囊的生理功能
　　机械性保护作用，并能调节睾丸和附睾的温度，有利于精子的产生和贮存。

2. 附睾
　　附睾附着在睾丸上，由附睾头、附睾体和附睾尾三部分构成。
　　多条睾丸输出管穿出白膜进入附睾头，改称附睾管，并逐渐合并成一条附睾管。
　　附睾管在附睾内弯曲盘绕，形成较长的管道，增加了容纳精子的空间，精子在这里进一步成熟。只有附睾尾处的精子才是成熟的精子，才具备受精能力。附睾管最终穿出附睾尾，延续为输精管。

附睾的生理功能
　　促进精子成熟，贮存成熟精子，运输精子，吞噬消灭死亡精子。

3. 输精管
　　输精管由附睾管延续而成，它与通向睾丸的血管、淋巴管、神经等组成精索，经腹股沟管进入腹腔，改变方向后进入盆腔，经过膀胱继续向后延伸，开口于尿生殖道起始部背侧壁的精阜上。两条输精管在膀胱的背侧逐渐形成膨大变粗的输精管壶腹（猪没有输精管壶腹）。输精管黏膜内有腺体，能分泌少量的分泌物。因此，输精管及以前的精子浓度非常大，只有到达尿生殖道内，再加入副性腺分泌物后浓度才变小。

> **输精管的生理功能**
>
> 输送精子进入尿生殖道（即射精），还可分解吸收衰老死亡的精子。

4. 副性腺

副性腺包括精囊腺、前列腺和尿道球腺。

公牛的副性腺示意图

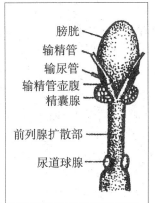

公羊的副性腺示意图

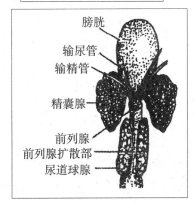

公猪的副性腺示意图

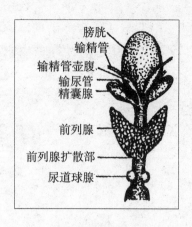

膀胱
输精管
输精管壶腹
输尿管
精囊腺
前列腺
前列腺扩散部
尿道球腺

公马的副性腺示意图

从输精管来的精子，浓度大而黏稠，不利于射出，需副性腺分泌物来稀释。因此，在尿生殖道骨盆部有副性腺输出管的开口。

公畜射精时，其分泌物与输精管壶腹部的分泌物混合在一起称为精清，精清和精子共同组成精液。

（1）精囊腺　有一对，位于输精管末梢的外侧，膀胱颈背侧。精囊腺的导管与输精管合并，共同开口于精阜。

（2）前列腺　位于尿生殖道起始部的背侧，精囊腺的后部，一般分为体部和扩散部。

（3）尿道球腺　位于尿生殖道骨盆部末端的背面两侧，有一对，其导管开口于尿生殖道内。

副性腺的生理功能

清洗润滑尿生殖道，加大精液量，给精子提供营养，活化精子，推动运输精子，优化精子的生存环境，防止精液在母畜生殖道内倒流（精囊腺分泌物在母畜生殖道内能形成胶冻样栓塞）。

5. 尿生殖道

尿生殖道分骨盆部和阴茎部。

（1）骨盆部　该部沿骨盆底壁向后延伸，绕过坐骨弓转而斜向前下方，沿阴茎腹侧的尿道沟至尿道外口为尿生殖道阴茎部。在坐骨弓处，尿道阴茎部在左右阴茎脚之间稍膨大形成尿道球。

（2）阴茎部　位于阴茎海绵体腹面的尿道沟内，上有射精孔，是输精管和精囊腺的输出管共同形成的开口。

尿生殖道的生理功能

排尿与排精的共同管道，兼有排尿和排精功能。

6. 阴茎和包皮

（1）阴茎　公畜的交配器官，主要由勃起组织和尿生殖道阴茎部组成，自坐骨弓沿中线向前延伸至脐部后方。

阴茎可分为阴茎根、阴茎体和阴茎头（龟头）三部分，家畜种类不同，龟头的形态也不同。

阴茎由阴茎海绵体和尿道海绵体构成，内有血管、神经。交配时，海绵体内血管充血，阴茎勃起，在一系列反射作用下，完成向母畜体内输送精液的功能。

（2）包皮　是皮肤在阴茎部折转形成的双层皮肤皱襞。阴茎勃起时，包皮能展平；不勃起时，龟头位于包皮腔内。包皮有容纳和保护龟头的作用。

包皮内易积存包皮污垢，采精时处理不当往往会污染精液。

> **阴茎的功能**
>
> 在交配时，将生殖细胞导入发情期的母家畜的生殖器中。

（二）母畜的生殖器官

主要母家畜的生殖器官结构图如下：

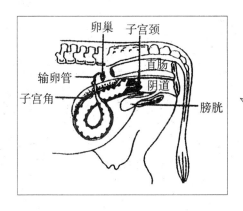

母牛的生殖器官剖示图

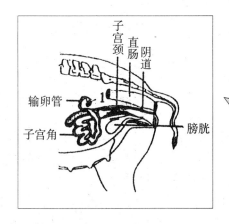

母猪的生殖器官剖示图

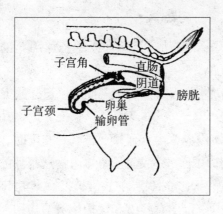

母羊的生殖器官剖示图

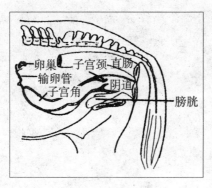

母马的生殖器官剖示图

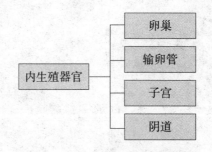

母畜的生殖器官

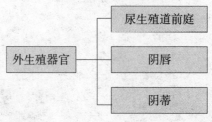

1. 卵巢

卵巢是母畜重要的生殖腺体，成对，附着于卵巢系膜上。卵巢的位置、形态、结构因家畜种类、年龄、生理阶段不同差异较大。

卵巢外包有结缔组织白膜，实质分为皮质和髓质两部分。

（1）皮质　皮质在外，皮质内含有发育程度不同的卵泡，卵泡的中央是卵细胞，外围是卵泡细胞。髓质在内（马属动物相反）。

（2）髓质　髓质在内，髓质内含有丰富的血管、神经、淋巴管等。

卵子直接从卵巢的表面（马属动物从排卵窝）排出，因为卵子不但体积大，而且没有运动器官——长长的尾巴，从卵巢表面排出的卵子只能靠呈漏斗状的输卵管伞部来收集，之后到达受精部位——输卵管的壶腹部。

> **卵巢的生理功能**
>
> 第一，卵泡发育和排卵。卵巢皮质中存在许多处于不同发育阶段的卵泡。卵泡经过原始卵泡、次级卵泡、生长卵泡和成熟卵泡阶段，最终排出卵子。排卵后在原卵泡处形成黄体。但其中也有很多卵泡在发育过程中闭锁退化消失。
>
> 第二，分泌雌激素和黄体酮。雌激素主要是由卵泡内层上皮细胞分泌，黄体酮则来源于排卵后形成的黄体。

2. 输卵管

输卵管是位于卵巢和子宫角之间的一对细长而弯曲的管道，是卵子进入子宫的必经输送通道。输卵管可分为漏斗部、壶腹部和峡部三部分。靠近卵巢的部位扩大成漏斗状，接纳卵子，称漏斗部，漏斗部边缘成放射状皱襞，称输卵管伞；漏斗部和峡部之间的膨大部分称壶腹部，是卵子和精子相遇受精的部位；输卵管末端细而直，与子宫角相通，称峡部，较短。

> **输卵管的生理功能**
>
> 第一，运送卵子和精子。排出的卵子由输卵管伞接纳，借助纤毛运动和输卵管的蠕动将其运送到壶腹部，同时将精子由峡部向壶腹部运送。
>
> 第二，是精子获能、卵子受精及卵裂的场所。
>
> 第三，具有分泌机能。输卵管的分泌物是精子、卵子运行的必要条件之一，同时也是精子、卵子及早期胚胎的营养液。

3. 子宫

子宫是一个中空的肌质器官，为了适应孕育胎儿的需要，伸展性较大。子宫大部分位于腹腔内，小部分位于骨盆腔内，靠子宫阔韧带附着在腰下部骨盆腔的侧壁上，其背侧为直肠，其腹侧为膀胱。

家畜的子宫分子宫角、子宫体、子宫颈三部分。有两种类型：牛、羊的子宫角基部之间有一个纵隔，将两角分开，称为对分子宫；马的子宫无此隔，猪的也不明显，称为双角子宫。

子宫颈呈细管状，内腔狭小，又称子宫颈管，后端突入阴道内（猪除外），射入阴道内的精子就是通过子宫颈管进入子宫的。

穿过子宫颈管的精子进入子宫体和子宫角。子宫体管腔变粗，向前分出两个子宫角。子宫角的末端接输卵管。子宫的形状、位置和大小因家畜的种类、年龄和不同的生理时期差别很大。

子宫壁从内向外由子宫内膜、肌层和浆膜三层构成。子宫内膜内有子宫腺，其分泌物可为妊娠早期的胚胎提供营养。

子宫的生理功能

第一，筛选、贮存和运送精子。子宫颈黏膜隐窝内可积存大量精子，同时滤除缺损和不活动的精子，只允许生命力旺盛的精子通过子宫颈。母畜发情配种后，子宫颈口开张，有利于精子逆流进入。子宫壁平滑肌收缩可以向输卵管方向运送精液，使精子尽快到达受精部位。

第二，胚胎附植、妊娠的场所和分娩通道。子宫的分泌物可为附植前胚胎发育提供营养。子宫内膜所构成的母体胎盘和胎儿胎盘相结合，以形成母体和胎儿之间的物质交换。在妊娠的过程中，子宫的大小、形态和位置可随胎儿生长的需要而发生显著的适应性变化。分娩时子宫以其强有力阵缩而排出胎儿。

第三，子宫颈口的防御功能。子宫颈平时闭合；发情时，子宫颈口稍开张，有利于精子通过；妊娠期，子宫颈收缩很紧，并分泌黏稠的黏液封闭子宫颈，防止病原微生物的侵入，保护胎儿安全；临近分娩时，子宫颈口扩张，以便胎儿娩出。

第四，调控母畜发情。如果母畜发情未配或配种未孕，在发情周期的一定时间，来自子宫的前列腺素可使相应一侧卵巢黄体溶解，导致再发情。

4. 阴道

阴道在骨盆腔内，后接尿生殖道前庭，以阴瓣为界，阴瓣是阴道与尿生殖道前庭交界处腹侧的一横行的黏膜皱襞。阴道前接子宫颈，呈管状。由于子宫颈突入阴道内，突入部分与阴道壁之间形成完整或不完整的环形空间，叫阴道穹隆。猪没有阴道穹隆，因为猪的子宫颈不突入阴道内。

牛、羊等反刍动物把精液射入阴道内，精子从这里开始在母畜生殖道内的旅行。猪直接把精子射进子宫内，因为母猪的阴道和子宫颈是连续的，子宫颈与阴道之间没有明显的界限，公猪的螺旋形的龟头可以直接插入子宫颈内，避免了精子在阴道内的损失。马属动物是把精子射入子宫颈。

阴道的生理功能

阴道既是交配器官，又是精子的贮存库，还是分娩时的产道。

5. 尿生殖道前庭

尿生殖道前庭为一扁管状的短管，其腹侧有尿道的开口，向里以阴瓣与阴道分开。外通阴门。

尿生殖道前庭的功能

既是母畜的交配器官，又是产道和尿道。

6. 阴门、阴蒂

阴门是母畜生殖道开口于外界的门户，由左右两片阴唇构成，在左右阴唇腹侧连接处的阴蒂窝内有阴蒂，阴蒂内有丰富的神经末梢，易于接受刺激，相当于公畜的阴茎。

二、家禽的生殖器官

（一）公禽的生殖器官

公禽的生殖器官是由睾丸、附睾、输精管、阴茎（或交配器）构成。

1. 睾丸

公家禽有一对睾丸，呈卵圆形，始终位于腹腔内，肾脏的前下方，周围与胸腹气囊相接触，利于睾丸的温度调节，适于飞翔。睾丸的组织结构也简化了很多，睾丸内无纵隔，不形成小叶，直接由曲精细管、精管网、输出管构成。雏禽睾丸很小，只有米粒或黄豆大小，淡黄色。成年公禽的睾丸如橄榄大或鹌鹑蛋大小，呈乳白色。在自然条件下，成年公鸡在春季性机能特别旺盛，睾丸增大；但性机能减退时，睾丸又变小。

> 成年公鸡的睾丸呈乳白色，外表分布有血管。

健康鸡的新鲜睾丸。鸡的睾丸又叫鸡腰子，相对较小；鸭的睾丸相对较大。

睾丸的生理功能

产生精子，分泌雄激素，维持公禽的生殖活动。

2. 附睾

家禽的附睾不明显，仅由睾丸输出管构成，附睾管不发达。附睾管也是精子进一步成熟、贮存和分泌精清的地方。

3. 输精管

家禽有一对输精管，前接附睾管，最后开口于泄殖腔的两侧，并向泄殖腔内突出，简化了尿生殖道。

家禽没有集中的副性腺，稀释精子并提供营养的精清来源于精子通过的管道（如睾丸输出管、附睾管、输精管的上皮细胞）及泄殖腔上的血管体和淋巴褶。因此，家禽的精液浓度大而量小。

> **输精管的功能**
>
> 分泌精清，是精子进一步成熟和贮存的场所，把精子运送至交配器官。

4. 阴茎（交配器）

公鸡没有真正的阴茎，只有退化的交配器，在肛门的腹侧缘有三个并列的突起，称阴茎体，孵出 24 小时以内的雏鸡可用肉眼看到阴茎体，这是鉴别雏鸡雌雄的一个标准。

公鸡的交配器由输精管乳头、阴茎体、淋巴褶和泄殖孔组成。交配时，左右阴茎体合拢形成纵沟，翻出泄殖孔，精液从输精管乳头直接流入纵沟而排出体外，这个纵沟相当于家畜的尿生殖道。

鸭、鹅有发达的阴茎，平时缩在泄殖腔内。勃起时阴茎充血，从泄殖腔内翻出，呈螺旋锥状体，表面有螺旋形的输精沟。交配时，输精沟闭合成管状，精液从合拢的输精沟射出。

（二）母禽的生殖器官

母禽的生殖器官包括卵巢、输卵管两大部分。家禽把输卵管、子宫、阴道三者合成为输卵管，且卵巢、输卵管简化了一半，只有左侧发育。家禽的卵（即禽蛋）主要在输卵管内形成，家禽产蛋是连续的。因此，家禽的输卵管非常发达。

1. 卵巢

家禽的卵巢位于腹腔的左侧，靠卵巢系膜韧带与体壁相连，在左肺后方。雏鸡的卵巢不发达，灰色或白色，似桑葚状。性成熟时由于表面有不同发育阶段的卵泡突出于表面呈葡萄状，颜色由白色到黄色，随着生长，卵泡膜逐渐变软，最后在卵泡膜无血管处排出卵子，被输卵管伞部接纳。由于家禽卵生无需孕育，所以排卵后不形成黄体。

> **卵巢的功能**
>
> 除产生卵子外，还可分泌雌激素影响其他生殖器官。

2. 输卵管

家禽的输卵管发达，尤其以产蛋期最发达。根据输卵管各段结构和功能的不同分五部分，即漏斗部、膨大部、峡部、子宫部、阴道部。

（1）漏斗部 又称伞部。家禽的输卵管漏斗部相当于家畜的漏斗部，呈喇叭状，便于承接卵巢排出的卵子。如交配或人工输精后精卵在此结合受精。卵通过漏斗部的时间约需18分。输卵管在伞部有开向腹腔的口，产蛋期的家禽受惊吓时，卵巢排出的卵子有时不被伞部接纳而落入腹腔内，形成卵黄性腹膜炎，所以养鸡场应避免使鸡群受到惊吓。

（2）膨大部 又称蛋白分泌部。膨大部管壁较厚，是输卵管中最长、弯曲最多的一段，分泌的蛋白质包裹在蛋黄的周围，卵子通过此段一般需2~3小时。

（3）峡部 在这一段的输卵管较细且很短，所以称为峡部，与膨大部界限明显。在此处分泌的蛋白质能形成两层蛋壳膜，至此形成了软皮蛋，卵子通过此段约需75分。

（4）子宫部 相当于家畜的子宫，较短，内部肌肉层发达，囊状，在此形成蛋壳及蛋壳外的角质层。禽蛋在此处停留时间最长，为19~20小时。

（5）阴道部 阴道是家禽的交配器官，其黏膜呈白色，阴道部开口于泄殖腔左侧壁，在子宫部和阴道部的连接处附近区域的精小窝还有贮存精液的作用，以保证家禽受精的连续性。阴道对蛋的形成不起作用，只是等待产出。蛋产出时，阴道自泄殖腔翻出。

第三节 畜禽生殖激素及应用

一、畜禽激素的概念与种类

激素是内分泌腺或内分泌细胞分泌的高效生物活性物质，对机体生理过程起调节作用。

与畜禽繁殖有密切关系的激素称为生殖激素。

畜禽繁殖是一个复杂的过程，公畜精子的形成、交配活动，母畜禽卵子的发生、成熟和排除、发情周期的变化、妊娠、分娩、泌乳、母禽产蛋等生殖活动，都与生殖激素密切相关，一旦生殖激素分泌失调，畜禽的繁殖机能就会紊乱，导致繁殖障碍，甚至不育。

随着科技的发展，人工合成的生殖激素在畜牧业生产中得到广泛应用，妊娠诊断、加速分娩、控制发情、治疗不孕等都有相应的人工合成生殖激素。

生殖激素按来源分有：释放激素、抑制激素、垂体促性腺激素、胎盘促性腺激素、性腺激素和其他激素。释放（或抑制）激素中，分子结构弄清楚的称为激素，分子结构未完全清楚的称为因子。

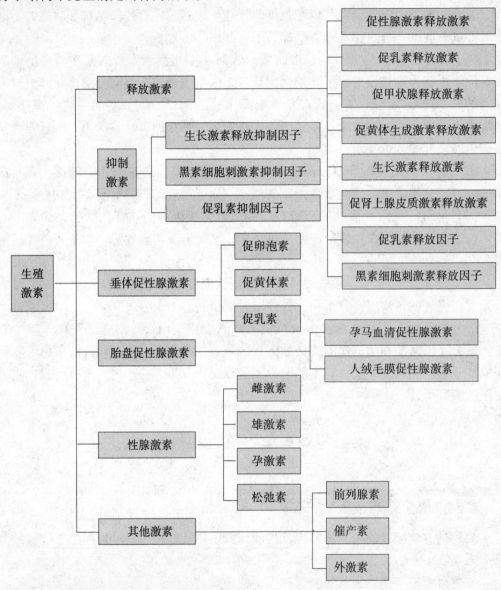

二、生殖激素的作用特点

1. 生殖激素只调节反应的速度，不发动细胞内新反应

激素对细胞内的生化反应过程只是加快或减慢速率。

2. 量小作用大

在畜体内微量的生殖激素就可引起很大的生理变化。例如0.000 000 000 01克的雌二醇直接用到阴道黏膜或子宫内膜上，就可发生明显的变化。

3. 具有协同和抗衡作用

如在雌激素和孕激素的共同作用下，引起母畜子宫的发育；在促卵泡素和促黄体素协同作用，引起母畜排卵现象。又如，雌激素能引起子宫兴奋，增加蠕动，而孕酮起抗衡作用，可抵消子宫的兴奋。

4. 在血液中存留期短，但作用时间长

将孕酮注射到家畜体内，在 10 ~ 20 分内就有 90% 孕酮从血液中消失。但其作用要在若干小时甚至数天才能显示出来。

5. 具有明显的选择性

各种生殖激素均有一定的靶器官或靶组织。如促性腺激素作用于卵巢和睾丸。雌激素作用于乳腺管道，而孕激素则作用于乳腺腺泡等，它们均具有明显的选择性。

三、常用生殖激素的功能及应用

1. 促性腺激素释放激素

（1）生理功能 促性腺激素释放激素的主要功能是合成和释放促性腺激素，以促黄体素释放为主，也有促卵泡素释放作用。

（2）应用 人工合成的高活性类似物广泛应用于调整家畜生殖机能紊乱和诱发排卵。

2. 催产素

（1）生理功能 能强烈地刺激子宫平滑肌收缩，促进分娩。能刺激输卵管收缩，有利于交配。能刺激排乳。

（2）应用 促进分娩，治疗胎衣不下，抑制产后子宫出血，促进子宫排出其他内容物。在人工授精的精液中加入催产素，能加速精子运行，提高受胎率。

3. 促卵泡素

（1）生理功能 对母畜来说，主要刺激卵泡生长发育。对于公畜来说，主要促进精子形成。

（2）应用 主要用于超数排卵，提早性成熟；诱发母畜发情，尤其对产后 4 周的泌乳母猪和产后 2 个月的母牛，用促卵泡素可提高发情和排卵，缩短产子间隔期；治疗卵巢疾病。

4. 促黄体素

（1）生理功能 对母畜来说，促进卵泡成熟和排卵。对公畜来说，刺激睾丸合成和分泌睾酮，促进精子成熟。

（2）应用 诱导排卵，治疗卵巢囊肿、早期习惯性流产，调理母畜发情期过短、久配不孕，治疗公畜性欲不强、精液和精子量少。生产中，常用成本低廉、效果理想的人绒毛膜促性腺激素代替。

5. 促乳素

（1）生理功能　一是与雌激素协同作用于乳腺，二是与黄酮体共同作用于腺泡，三是与皮质激素一起激发和维持泌乳。

（2）应用　有助于黄酮体的分泌，可以维持公畜睾丸分泌睾酮。

6. 孕马血清促性腺素

（1）生理功能　有显著的促卵泡发育作用，有一定的促排卵和黄体形成的作用。

（2）应用　一是催情。二是超数排卵。三是促进排卵。

7. 人绒毛膜促性腺激素

（1）生理功能　对公畜来说，促进精子发育；对母畜来说，促进性腺发育、卵泡成熟、排卵。

（2）应用　治疗母畜排卵迟缓和卵泡囊肿，增强超数排卵，促成同期发情同期排卵。治疗公畜睾丸发育不良和阳痿。

8. 雄激素

（1）生理功能　一是促进雄性生殖道、副性腺的生长发育和分泌机能。二是刺激和维持精子发生，延长精子寿命。三是刺激雄性畜禽的性行为。四是雄性畜禽第二性征的出现，如肌肉发达、骨骼粗大、外表雄壮。五是保持体内激素平衡。

（2）应用　通过皮下注射或肌内注射，治疗性欲不强和性功能减退。常用药物为丙酸睾酮。

9. 雌激素

（1）生理功能　促使母畜发情，刺激生殖道发生变化，利于交配。促进精子形成。

（2）应用　促进母畜产后胎衣或木乃伊胎儿的排出，诱导发情。与孕激素配合可人工诱导牛、羊泌乳。用于公畜"化学去势"，以提高育肥能力和改善肉质。

10. 孕激素

（1）生理功能　黄体素是主要的孕激素，单独使用可促进子宫黏膜层加厚等生殖系统发育。调节发情，促进子宫颈口和阴道收缩，有利于保胎。

（2）应用　多用于防止功能性流产、同期发情，治疗卵巢囊肿，保胎。

11. 松弛素

（1）生理功能　促使盆骨韧带松弛、耻骨联合松开、子宫颈口开张、子宫肌肉舒张、增加子宫水分含量，有利于分娩。注意，松弛素必须在雌激素和孕激素预先作用后才能发挥显著的作用。

（2）应用　有利于临产分娩，治疗难产。

12. 前列腺素

（1）生理功能　不同的前列腺素有不同的生理功能。溶黄体使卵巢上的黄体溶解，促进母畜发情。促进排卵前列腺素能促进排卵。提高精子通过和穿透卵子的能力。控制分娩，如诱发母猪白天分娩。调节发情，有利于人工授精和胚胎移植。提高公畜射精量，提高人工授精效果。

（2）应用　治疗家畜繁殖疾病，诱导发情，诱导分娩。

13. 外激素

（1）生理功能　提早畜禽性成熟时间。促进发情。促进雄性畜禽的性行为。

（2）应用　母畜催情，如母猪断奶后第二、第四天，在其鼻子上喷洒合成的外激素，能促进母猪卵巢机能恢复。青年母猪刺激公猪，能使初情期提前。

母猪试情时，可用公猪性外激素，发情母猪表现为静立（期待公猪爬跨）。

用性外激素可以加速公畜采精训练。还可促进牛羊性成熟。

> **生殖激素应用注意事项**
>
> *严格控制用量，严禁滥用生殖激素。*
> *生殖激素应在低温、避光条件下保存。*
> *正确选择激素类型，把握好应用时机。*

第四节　畜禽繁殖特性

一、家畜的繁殖特性

（一）母畜性机能发育

母畜生长发育到一定年龄时，便开始表现有发情现象，发情是在未妊娠状态下母畜所表现出的有规律性、周期性的生理变化。

母畜性机能发育过程，一般分为初情期、性成熟期、适配年龄、生殖机能旺盛期及生殖机能停止期（指停止繁殖的年龄）。此外，为了指导生产实践，根据不同家畜性成熟和体成熟时期，人为地规定了适配年龄。

（1）初情期　母畜的初情期是母畜开始出现发情现象的时期，这时生殖器官迅速发育，开始有繁殖后代的机能。初情期是促性腺激素活动增强、性腺的类固醇激素生成和配子发生能力增加的结果。但此时生殖器官还未充分发育，性机能也不完全。

一般家畜初情期与体重的关系比年龄更为密切。如奶牛达到初情期时的体重是其成年体重的 30% ~ 40%，而肉牛是其成年体重的 45% ~ 50%，绵羊为 40% ~ 63%。生长速度会影响达到初情期的年龄。良好的饲养能促进生长，提早初情期；饲养较差则生长缓慢，推迟初情期。但是，猪的初情期与年龄的关系较之体重更为密切。

（2）性成熟　初情期后，促性腺激素分泌水平进一步提高，其周期性释放的幅度和频率都增加，足以使生殖器官及生殖机能达到成熟阶段。生殖器官发育完全后，生殖内分泌正常，表现出发情症状，排出能受精的卵母细胞，出现有规律的发情周期，母畜具有繁衍后代的能力，这个年龄阶段就称为性成熟。但此时母畜身体生长发育尚未完成，不宜配种，以免影响母体的继续生长发育和胎儿的初生体重。然而兔等到初情期时通常已达性成熟。

（3）初配适龄　母畜初配适龄应以体重为根据，即体重达正常成年体重70%时可以开始配种，此时早已达到性成熟，如果妊娠也不会影响母体和胎儿的生长发育。

（4）繁殖机能停止期　母畜至年老时，发情终止，不再排卵，此时称为繁殖机能停止期。实际上，母畜到此年龄之前，在生产上早已被淘汰。

主要家畜的生理成熟期

动物种类	初情期	性成熟期	适配年龄	体成熟期	终止繁殖
黄牛	8～12 月	10～14 月	1.5～2.0 年	2～3 年	13～15 年
奶牛	6～12 月	12～14 月	1.3～1.5 年	—	13～15 年
水牛	10～15 月	15～20 月	2.5～3.0 年	3～4 年	13～15 年
马	12 月	15～18 月	2.5～3.0 年	3～4 年	18～20 年
驴	8～12 月	18～30 月	24～30 月	3～4 年	—
猪	3～6 月	5～8 月	8～12 月	9～12 月	6～8 年
绵羊	4～5 月	6～10 月	12～18 月	12～15 月	8～11 年
山羊	4～6 月	6～10 月	12～18 月	12～15 月	7～8 年
家兔	4 月	5～6 月	6～7 月	6～8 月	3～4 年

注：开始配种时的体重应为其成年体重的70%以上。

（二）卵泡发育和排卵

1. 卵泡发育

（1）卵子的发生　雌性生殖细胞分化和成熟的过程称为卵子发生。卵子的发生过程包括卵原细胞的增殖、卵母细胞的生长和卵母细胞的成熟三个阶段。

1）卵原细胞的增殖　家畜在胚胎期性别分化后，雌性胎儿的原始生殖细胞便分化为卵原细胞。卵原细胞通过有丝分裂，一分为二，二分为四，形成许多卵原细胞，这个时期称为增殖期，或称有丝分裂期。卵原细胞经过最后一次有丝分裂之后，即发育为初级卵母细胞并进入成熟分裂前期，经短时间后，便被卵泡细胞所包围而形成原始卵泡。

2）卵母细胞的生长　卵原细胞经最后一次分裂而发育成为初级卵母细胞并形成卵泡。这个时期的主要特点是：卵黄颗粒增多，使卵母细胞的体积增大；透明带出现；卵泡细胞通过有丝分裂而增殖，由单层变为多层。卵泡细胞作为营养细胞为卵母细胞提供营养物质，为以后的发育提供能量来源。

3）卵母细胞的成熟　卵母细胞的成熟是经过两次成熟分裂。卵泡中的卵母细胞是一个初级卵母细胞，在排卵前不久完成第一次成熟分裂称为次级卵母细胞。受精时才完成第二次成熟分裂。

（2）卵子的形态和结构

1）卵子的形态　哺乳家畜的卵子为圆球形，凡是椭圆、扁圆、有大型极体或卵黄内有大空泡的，尤其是特大或特小的卵子都属于畸形卵子。

2）卵子的结构　卵子的主要结构包括放射冠、透明带、卵膜及卵黄等部分。

☛　放射冠：紧贴卵母细胞透明带的一层卵丘细胞呈放射状排列，称为放射冠。

☛　卵膜：卵子有两层明显的被膜，即卵黄膜和透明带。卵黄膜是卵母细胞的皮质分化物。

☛　透明带：是一均质而明显的半透膜，一般认为它是由卵泡细胞和卵母细胞形成的细胞间质。透明带和卵黄膜保护卵子完成正常的受精过程，使卵子有选择性地吸收无机离子和代谢产物，对精子具有选择作用。

☛　卵黄：卵黄占据透明带内大部分容积，内含有核，是重要的遗传物质。

3）卵泡的发育　动物在出生前卵巢含有大量原始卵泡，初情期前，卵泡虽能发育但不能成熟排卵，当发育到一定程度时便退化萎缩。初情期后，卵巢上的原始卵泡通过一系列发育阶段而达到成熟排卵。卵泡发育从形态上可分为几个阶段，依次为原始卵泡、初级卵泡、次级卵泡、三级卵泡和成熟卵泡。初级卵泡开始生长至三级卵泡阶段，又可统称为生长卵泡。有的根据卵泡出现泡腔与否分为无腔卵泡（或称腔前卵泡）和有腔卵泡（或称囊状卵泡），三级卵泡以前的卵泡尚未出现泡腔，统称为无腔卵泡，而将三级卵泡和成熟卵泡称为有腔卵泡。

☛　原始卵泡：排列在卵巢皮质外周，其核心为一卵母细胞，周围为一层扁平状的卵泡上皮细胞，没有卵泡膜也没有卵泡腔。原始卵泡占卵巢中卵泡总数的95%，是以后卵泡利用的源泉。

☛　初级卵泡：排列在卵巢皮质外围，是由卵母细胞和周围一层立方形卵泡细胞组成，卵泡膜尚未形成，也无卵泡腔，卵泡细胞体积增大。

☛　次级卵泡：在生长发育过程中，初级卵泡移向卵巢皮质的中央，卵泡上皮细胞增殖，形成多层圆柱状细胞，细胞体积变小，称颗粒细胞。开始时卵泡细胞与卵母细胞的卵泡膜紧紧相连，随着卵泡生长，卵泡细胞分泌的液体积聚在卵黄膜与卵泡细胞（或放射冠细胞）之间形成透明带。放射冠细胞的突起可以保持它与卵黄膜之间的接触，同时卵黄膜的微绒毛部分伸延到透明带，可供卵黄营养。

👉 三级卵泡：随着卵泡发育，颗粒细胞层进一步增加，并出现分离，形成不规则的腔隙，充满卵泡液，各小腔隙逐渐合并形成新月形的卵泡腔。由于卵泡液增多，卵泡腔逐渐扩大，卵母细胞被挤向一边，并被包裹在一团颗粒细胞中，形成半岛突出在卵泡腔中，称为卵丘。其余的颗粒细胞紧贴于卵泡腔的周围，形成颗粒层。在颗粒层外周形成卵泡膜，卵泡膜有二层，其中内膜为上皮细胞，并分布有许多血管，具有分泌类固醇激素的能力，外膜由纤维细胞构成。

👉 成熟卵泡：又称葛拉夫卵泡，三级卵泡继续生长，卵泡液增多，卵泡腔增大，卵泡扩展到整个卵巢的皮质部而突出于卵巢的表面。羊发情时，能够发育成熟的卵泡数仅有 1~3 个。

4）卵泡的闭锁和退化　动物出生前，卵巢上就有很多原始卵泡，但只有少数卵泡能够发育成熟和排卵，绝大多数卵泡发生闭锁和退化。退化的卵泡数出生前较出生后多，出生后，初情期前较初情期后多。因此，卵泡的绝对数随着年龄的增长而减少。

卵泡的闭锁和退化，其主要特征是染色体浓缩，核膜起皱，颗粒细胞发生固缩，颗粒细胞离开颗粒层悬浮于卵泡液中，卵丘细胞发生分解，卵母细胞发生异常分裂或碎裂，透明带玻璃化并增厚，细胞质碎裂等变化。闭锁的卵泡被卵巢中纤维细胞所包围，通过吞噬作用最后消失而变成疤痕。

2. 排卵和黄体形成

成熟的卵泡突出卵巢表面，突出的部分卵泡破裂，卵母细胞和卵泡液及部分卵丘细胞一起排出，称为排卵。

（1）排卵类型　大多数哺乳家畜排卵都是周期性的，根据卵巢排卵特点和黄体的功能，哺乳家畜的排卵可分为两种类型，即自发性排卵和诱发性排卵。

1）自发性排卵　卵泡发育成熟后自行破裂排卵并自动形成黄体。根据排卵后黄体形成的特点又分为两种情况。一是在发情周期中黄体的功能可以维持一定时间，如家畜；二是除非交配（交配刺激），否则所形成的黄体是没有功能的，即不具有分泌孕酮的功能，如鼠类。

2）诱发性排卵　通过交配使子宫颈受到机械性刺激后才能排卵，并形成功能性黄体。

（2）排卵的过程　随着卵泡发育和成熟，卵泡液不断增加，卵泡容积增大并凸出于卵巢表面，但卵泡内压并没有提高。突出的卵泡壁扩张，细胞质分解，卵泡膜血管分布增加、充血，毛细血管通透性增强，血液成分向卵泡腔渗出。随着卵泡液的增加，卵泡外膜的胶原纤维分解，卵泡壁变柔软，富有弹性。突出卵巢表面的卵泡壁中心呈透明的无血管区，排卵前卵泡外膜分离，内膜通过裂口而突出，形成一个乳头状的小突起，称为排卵点。排卵点膨胀并破裂，卵泡把卵母细胞及其周围的放射冠细胞随卵泡液一同排出，卵子被输卵管伞接纳。由于输卵管的纤毛上皮的摆动，将卵母细胞送入输卵管壶腹部。

（3）排卵时间和排卵数　排卵是成熟卵泡在促黄体素峰作用下产生的，从促黄体素排卵峰至排卵的时间，因家畜种类而有差异，但同种家畜几乎是一定的。

（4）排卵部位　一般家畜的排卵部位除卵巢门外，在卵巢表面的任何部位都可发生排卵，唯马属家畜的排卵仅限于卵巢中央排卵窝处排卵。

主要家畜排卵时间和排卵数

家畜种类	从促黄体素排卵峰至排卵的时间（小时）	排卵数（个）
牛	28～32	1
猪	40～42	10～25
羊	24～26	1～3
兔	9～11	5～10

（5）黄体形成与退化　成熟卵泡排卵后形成黄体，黄体分泌孕酮作用于生殖道，使之向妊娠的方向变化，如未受精，一段时间后黄体退化，开始下一次的卵泡发育与排卵。

黄体的形成：成熟卵泡破裂排卵后，由于卵泡液排出，卵泡壁塌陷皱缩，从破裂的卵泡壁血管流出血液和淋巴液，并聚积于卵泡腔内形成血凝块，称为红体。此后颗粒细胞在 LH 作用下增生肥大，并吸收类脂质——黄素而变成黄体细胞，构成黄体主体部分。同时卵泡内膜分生出血管，布满于发育中的黄体，随着这些血管的分布，卵泡内膜细胞也移入黄体细胞之间，参与黄体的形成，此为卵泡内膜细胞来源的黄体细胞。

黄体类型：在发情周期中，雌性动物如果没有妊娠，所形成的黄体在黄体期末退化，这种黄体称为周期性黄体。周期性黄体通常在排卵后维持一定时间才退化，退化时间羊为 12～14 天。如果羊妊娠，则转化为妊娠黄体，此时黄体的体积稍大，妊娠黄体一直维持到妊娠结束才退化。

黄体退化：如果羊未妊娠，所形成的黄体则会退化，表现在细胞质空泡化及核萎缩，随着微血管退化，供血减少，黄体体积逐渐变小，黄体细胞的数量也显著减少，颗粒层细胞逐渐被纤维细胞所代替，黄体细胞间结缔组织侵入、增殖，最后整个黄体细胞被结缔组织所代替，形成一个斑痂，颜色变白称为白体，残留在卵巢上。

二、母禽的繁殖特性

一枚鸡蛋形成大约需要 24 小时。

1. 鸡的繁殖特性

（1）产蛋周期　连产蛋天数和间隙停产天数的总和称为一个产蛋周期。据观察，母鸡形成一枚蛋需 24～27 小时，蛋产出后经 0.5 小时才排卵。因此，在一个产蛋周期中，后一枚蛋比前一枚蛋产出时间往后推迟，当周期最后一枚蛋在下午 3～4 点产出时，翌日必定要停产。而对连产数十枚蛋的高产鸡来说，蛋的形成时间少于 24 小时。高产鸡一年可产蛋 300 个以上。

（2）换羽对产蛋的影响　鸡经过长时间产蛋后，要脱去旧羽长出新羽，换羽期间母鸡间隙停产天数增加或停产。对一个鸡群而言，由于换羽时间不一致，造成鸡群产蛋率低下，为此可采用人工强制换羽措施，使鸡群在短时间内同步换羽，恢复体力，然后重新开产，这样既提高了产蛋率，也改善了蛋的质量。

（3）就巢性与产蛋　就巢即抱窝，是鸟类繁殖后代的本能。母鸡抱窝时不产蛋。未经严格选种的地方品种均有较强的就巢性，而经现代化选种选配的优良品，一般不具有就巢性。

2. 鹅的繁殖特点

（1）明显的季节性　鹅是季节性繁殖动物，一般每年 9 月到翌年 4 月为母鹅的产蛋期。种鹅在繁殖期内，外观表现为羽毛光洁、身体发育良好。母鹅接受交配、产蛋；公鹅性欲旺盛、交配频繁。在繁殖季节内，受精率也呈现周期性的变化。一般繁殖季节初期和末期受精率较低，产蛋中期产蛋率高时，受精率也高。

（2）较强的就巢性　就巢性即母鹅产蛋后停产抱窝的特性。中国农民在长期生产中人工选择（自然孵化）出抱性较强的鹅，分布于江苏、浙江、安徽的"四季鹅"是这种选择的典型"品种"类型。

（3）固定配偶交配的习惯　家鹅继承了它的祖先一夫一妻制的习惯，但不是绝对的，规模化、集约化养鹅可能会改变这种单配偶习惯。

（4）利用年限长　鹅的产蛋量在前 3 年随年龄的增长而逐年提高，到第三年达到最高，第四年开始下降，种母鹅的经济利用年限为 4～5 年，种鹅群以 2～3 岁的鹅为主组群为理想。

（5）繁殖规律与光照周期有密切的关系　广东鹅属于短光照品种，豁眼鹅属于长光照品种。利用这个原理，采取科学的光照制度可以实现种鹅反季节繁殖。

（6）繁殖性能低　表现在性成熟较晚，6～8 月龄或 9～10 月龄才性成熟；产蛋量较低，每只鹅产蛋 25～40 枚或 50～80 枚；受精率和孵化率偏低，为 60%～80%；不育现象普遍，尤其是公鹅，交配器官短、细、软，交配能力弱，授精力差；留种时间对产蛋量有明显影响，大部分地区 12 月至翌年 2 月间留种较适宜，1～2 月留种最佳。北方地区最佳留种时间应在 4 月左右；广西、广东等地在 3～4 月留种较为适宜。

复习思考题

1. 副性腺的作用是什么？
2. 生殖激素如何应用才有利于繁殖？使用时应注意什么？
3. 简述母禽的繁殖特性。

第二章　畜禽的杂交与改良

【知识目标】

1. 了解种畜禽品种选择的相关知识。
2. 了解品种选配的基本知识。

【技能目标】

1. 掌握畜禽杂交技术。
2. 掌握品种选育的方法。

第一节　品种的选择

选种就是从畜禽群体中选出符合人们要求的优良个体留作种用，同时将不良个体淘汰。选种是育种工作的基础，通过选种可以增加畜禽群中某些优良的基因和基因型的比例，减少某些不良的基因和基因型的比例，从而定向改变畜禽群体的遗传结构，在原有的基础上创造出新类型，生产出更多更好的畜禽产品，提高畜牧业生产的经济效益。

一、选择种畜禽的作用和原则

公羊管一坡，母羊管一窝，这说明选好种羊对羊场特别重要。

俗语说："公畜好，好一坡；母畜好，好一窝。"种畜禽的生产力对于后代具有决定性的作用，能够影响后代的遗传性状，种公畜禽的需要量较母畜禽少，但对群体影响较大，选好种公畜禽对提高畜禽群质量具有特别重要的意义。选种原则是品种特征突出、遗传性状稳定、生殖器官发育良好、体质健壮、健康无疫。

二、选种的方法

选种就是选择种畜禽，是在鉴定的基础上，对已经筛选的个体进行少数重点性状的选择。选种的方法主要有表型选择、家系选择、多性状选择等方法。

1. 表型选择

根据个体性状表型值的高低进行选种的方法称为表型选择，也称为个体选择。表型选择常采用择优选留法，即将畜群中表型值由高到低的个体依次选出，直到满足留种数为止。这种选种方法适用于遗传力高的性状，如猪的体长、肉的品质、鸡的蛋重等。对于遗传力高的性状采用表型选择，简便易行，效果好，可以缩短世代间隔，加快遗传进展。对于遗传力低的性状则不宜采用表型选择，因为这类性状受环境影响大，表型值不能反映育种值的高低。

2. 家系选择

把家系作为一个单位，根据家系的平均表型值高低进行选留或淘汰，称为家系选择。这里所讲的"家系"是指全同胞或半同胞的亲缘群体。这种方法适用于多胎动物（如猪、禽等）。例如，在鸡的某个品种中，有甲、乙两个家系，甲家系10个同胞300天平均产蛋210枚，乙家系10个同胞300天平均产蛋219枚，则应选择乙家系的鸡留种。

遗传力低的性状宜采用家系选择。因为这类性状受环境影响较大，根据家系平均表型进行选择时，各家系个体表型值中的环境偏差可在家系均值中彼此抵消，这样家系平均表型值便接近于家系平均育种值，选种的准确性就提高了。

家系选择的常用方法有两种：一种是以种畜的同胞为依据的家系选择，即同胞选择；另一种是以种畜的子女均值为依据的家系选择，即后裔选择。

（1）同胞选择　同胞选择就是根据种畜的旁系亲属（全同胞或半同胞）的平均表型值高低来进行选种，又叫同胞测定。如猪的同胞测定，一般是在子猪断奶时每窝选出4头（两公、两母）同圈饲养到一定体重时屠宰，测定其肥育性能及胴体品质，这4头猪的平均成绩就是被评定个体的同胞测定依据，从中可以选出优秀的家系。

同胞测定可以根据同胞成绩对被测定的个体基因型作出判定，以确定是不是优秀的基因型。实行同胞测定可以缩短世代间隔，进行早期选种，但选择的准确性不如后裔选择。

（2）后裔选择　后裔选择就是根据后代的平均表型值进行选种，也叫后裔测定，是对后代的性能测定和对比。常用的方法是女母对比法：用被鉴定公畜的女儿成绩和女儿的母亲成绩相比较，女儿超过母亲的，该公畜为优良种畜；如女儿成绩不如母亲的，则认为该公畜为劣畜。此法多用于鉴定种公畜。例如，某牛场1号公牛的18个女儿第一胎平均产乳量为4 453千克，而女儿的母亲第一胎平均产乳量为4 033千克，女儿产乳量超过母亲420千克，说明这头公牛为优良种牛。而另一头2号公牛的13个女儿第一胎平均产乳量为4 030千克，女儿的产乳量比母亲低，说明该公牛为不良种牛。

后裔测定的另一种方法叫同期同龄女儿比较法，或叫同群比较法。例如，在鉴定种牛时，可将每头被鉴定的小公牛在12～14月龄时开始采精，将采得的精液分散到各牛场配种200头母牛，然后将各公牛同期同牛场的女儿第一胎平均产乳量进行比较，从中选出优秀种公牛。此法的优点是配种、产子时间一致，同一牛场内饲养管理条件相同，比较时误差较少。实践证明，这是对低遗传力性状选择的有效办法。

进行后裔选择要注意以下问题：第一，被测定的各公畜所配母畜的条件要一致。可采用随机交配的方法，也可以选择几个相似的母畜群与不同种公畜交配，以比较它们的后代品质。第二，后代的年龄和饲养管理条件要一致。要求不同畜的后代同龄、同期、同条件下进行对比。饲料营养、季节、畜舍条件及管理措施等要力求统一。第三，后代头数越多，得出结论越正确。大家畜至少20头以上，多胎动物可适当多些。要随机选留后代，不能只选优秀后代参与评比。第四，后裔测定的依据要以生产性能为主，同时，要全面分析后代的外形、发育状况、适应性及遗传缺陷等。

后裔选择的优点是选种效果可靠，多用于种公畜的选择。缺点是需要时间长，大家畜的后裔测定需要5~6岁时方能得出结果。后裔测定所要求的条件较多，有时需要设立专门的后裔测定站，耗费较多。

（3）估计育种值　选择育种值是指种畜表型值中能遗传和固定的部分，它不能直接度量，只能根据表型值进行间接估计。根据估计育种值高低进行选种的方法，称为估计育种值选择。

估计育种值选择的意义在于：①根据种畜本身、祖先、同胞及后裔的任何一种或几种资料进行估计。②根据不同资料评定的结果，可直接进行比较。③可用较精确的数据表示个体基因型的优劣，提高选种的准确性。种畜的价值不仅在于它本身能生产较多的畜产品，更重要的是在于它能繁殖品质优良的后代，达到改良畜群的目的。因此，要求种畜不但表型好，而且还要有优良的基因型。

估计育种值的方法

根据个体本身记录，包括个体本身一次记录和多次记录估计育种值两种。根据记录一次育种估计值意义不大，生产上多采用根据多次记录估计育种值。

根据祖先记录（系谱资料），祖先记录中最主要的是父母的记录。在育种实践中，采用母亲多次记录估计育种值的方法比较多见。

---

3. 多性状选择

在育种工作中，有时只根据单个性状进行选择，但在多数情况下，往往要同时兼顾选择几个性状，如蛋鸡的产蛋数和蛋重，既要产蛋数多，又要蛋重大。再如奶牛的产乳量和乳脂率，绵羊的产毛量和毛长等。多性状选择受遗传等因素影响较大，选择的方法也较多，主要有：

（1）顺序选择法　顺序选择法是指对所要选择的几个性状依次逐个进行选择的方法。即选择一个性状，达到预定要求后，再选另一个性状，如此逐个选择下去。这种选种方法的优点是对所选的某一性状来说，遗传进展较快，选种效果较好。但如所选的几个性状之间存在负相关，则有顾此失彼之虑，往往这个性状通过选种提高了，另一个性状却下降了，这样会延长育种时间。

（2）独立淘汰法　独立淘汰法是对所要选择的几个性状分别规定选留标准，凡其中任一性状不够标准的一律淘汰。这种选种法的优点是标准具体，容易掌握。

但往往会将一些主要性状表现突出而个别次要性状表现较差的个体淘汰掉。同时选择的性状越多，选中的个体越少，要想多选留个体，势必要降低选留标准。

（3）综合选择法 将所要选择的几个性状综合成一个便于不同个体相互比较的数值，这个数值称为综合选择指数，根据综合指数进行选种的方法叫综合选择法。综合选择法在多性状选择中能够获得最快的遗传进展，取得最好的经济效益，是一种比较理想的选择方法。

（4）间接选择 利用性状相关关系，通过对甲性状的选择，来间接提高乙性状的一种选种方法，称为间接选择。当要改良的某个性状遗传力很低，或在活体不能度量（如屠宰率等）以及某种性别没有表现（如公牛不产乳，公鸡不下蛋等）时，都可以采用间接选择方法。

对某一种性状进行间接选择时，需要考虑下列条件：一是两性状要有高度遗传相关；二是辅助性状要有高的遗传力；三是最好对辅助性状的选择强度能有加大的可能。

（5）质量性状的选择 畜禽的毛色、角、耳形、血型及遗传缺陷都属于质量性状。对于质量性状的选择，首先要了解它的遗传规律，这类性状大部分是由1～2对主效基因控制的。选种的关键在于通过测交来判定质量性状的基因型是纯合体还是杂合体。

第二节 品种的选配

一、选配的概念和作用

1. 选配概念

选配是有意识、有目的、有计划地组织公畜禽和母畜禽的交配，以便定向组合个体的遗传基础，使之产生优良的后代。选配是对畜禽交配进行人为的干预，有目的地组织优良种公畜禽和母畜禽的配种，有意识地创造理想后代。

2. 选配的作用

选配是控制和改良畜禽品质的一种强有力手段，使优良基因更好地重组，进而促进畜禽群体的改良和提高，对畜禽育种工作有非常重要的作用。

（1）选配能改变群体遗传结构，培育新的理想型家畜

交配双方的遗传基础是不同的，下一代则是父母双方遗传基础重组的结果，不可能与父母任何一方完全相同，即产生变异，这就为培育优良畜禽提供选择的素材。

（2）选配能稳定遗传性，固定理想性状

采用遗传基础相同或相似的个体交配，使该性状的遗传基础逐代纯合，使这些

理想性状固定下来。

（3）选配能控制变异的方向和强化某些变异

当畜禽群中出现某种有益变异时，将有益变异的优良公母畜禽选出，经过多代选配强化有益变异，使畜禽群中有益变异更加突出，以致扩大成为一个新的类群。

选种是选配的基础和先决条件，选配又为选种提供资源，所以只有把选种和选配有机结合，才能不断产生理想的畜禽群。

二、畜禽选配方法

1. 品质选配

指与配个体之间品质对比的交配。所谓品质，既指体质外貌、生长发育、生产力、生物学特征等方面的品质，也指遗传品质，如估计育种值高低等。根据与配家畜的品质对比，可分为同质选配和异质选配。

（1）同质选配　即与配双方品质相同的选配，就是选用性状相同、性能表现相似或育种值相似的优秀公母畜交配，目的在于获得与双亲品质相似的优秀后代。与配双方愈相似，则愈有可能将共同的优良品质遗传给后代。所谓的同质性，可以是一个性能的同质，也可以是一些性状的同质。

在育种实践中，无论是通过纯种繁育改进现品质，还是在杂交育种过程中固定理想类型，只要有利于巩固和加强有价值的品质，都可采用同质选配。

必须注意的是，在使用同质选配时也可能产生一些不良作用，如种群内的变异性将相对减少；有时种畜的某些有害基因同质结合，双亲的缺点得到加强而变得严重；还可造成后代适应性和生活力下降，从而降低生产水平等。为了防止这些消极因素的出现，要加强选择，严格淘汰体质衰弱或有遗传缺陷的个体，并注意改善饲养管理，以提高同质选配的效果。

（2）异质选配　选择具有不同品质的公母交配称异质选配。异质选配分两种情况：一是选择具有不同优良性状的公母畜交配，以将不同亲本的不同优良性状结合在一起，获得兼具双亲优良品质的后代。例如，选毛长的羊与毛密的羊相配，以获得产毛量高且毛长的个体。二是选用同一性状但优劣程度不同的公母相配，即以好改坏，以优改劣，提高后代的品质，故又称为"改良选配"。这是一种可以用来改良许多性状行之有效的选配方法。

在育种工作中，同质选配与异质选配往往结合进行。在不同的育种时期，对不同的育种性状，可选用同质选配为主或异质选配为主的方法。在育种初期，多采用异质选配；当杂种后代出现理想类型后，又转为同质选配，使获得的优良性状得以固定。在具体选配中，对某一性状而言是同质选配，对另一性状则是异质选配。例如，有一头产乳量高、乳脂率低的母牛，与一头产乳量和乳脂率育种值均高的公牛交配，对产乳量来说是同质的，对乳脂率来说，则是异质的。只有两者灵活应用，才能不断提高畜群的品质。

2. 亲缘选配

即考虑相配个体之间有无亲缘关系及亲缘关系远近的选配。双方有亲缘关系的选配，就叫近交，反之为远交。

近交有害，是人们从实践中早已总结出来的教训，无论在育种场，还是在繁殖场和生产场，一般都避免近交。但近交又有其特殊用途，在育种工作中为了达到一定的目的往往需要这种选配方法。

3. 近交

（1）近交的概念　近交就是交配双方有较近亲缘关系的选配，一般指五代以内双方具有共同祖先的公母畜禽交配。一头家畜是不是近交个体，主要看它的系谱中父母双方有没有共同祖先。共同祖先个数愈多，出现代数愈近，则近交程度愈大，反之则小。一般用近交系数衡量和表示近交程度。近交系数就是某一个体由于近交而造成的相同等位基因的比例，或者说是近交使后代基因纯合的比例。

（2）近交的遗传效应及应用

1）固定优良性状　近交的基本遗传效应是使基因纯合。我们可以通过近交使优良性状的基因纯化，从而使其能够准确地遗传给后代。一般在培育新品种过程中，当出现了符合理想的优良性状后，往往采用同质选配加近交以固定优良性状。

2）暴露有害基因　决定有害性状的基因大多数是隐性基因，在非近交情况下隐性性状不易出现，近交使基因趋于纯合，也使隐性有害基因纯合，从而得到暴露。这样就可以及早淘汰带有有害性状的个体，使有害基因在群体中的频率降低，这也是净化群体的一种措施。

3）群体均值降低　数量性状遗传的基因型值由基因的加性效应值和非加性效应值组成。非加性效应主要在杂合状态下存在，表现出杂种优势。近交时，群体杂合体减少，非加性效应值也减少，而加性效应值不变，因而群体均值也随之降低，这是近交衰退的主要原因。

（3）近交衰退及防止措施

1）近交衰退的原因　由于近交，家畜的繁殖性能、生理活动以及与适应性有关的各性状都有不同程度的下降。具体表现是繁殖力减退、死胎和胚胎畸形增多、生活力下降、适应性变差、体质减弱、生长缓慢、生产力降低等。

近交衰退的原因在于基因纯合，基因的非加性效应减小，隐性有害基因纯合而表现出有害性状。

2）防止近交衰退的措施

☞　严格淘汰。严格淘汰就是将不符合理想要求的、生产力低、体质衰弱、繁殖力差和表现出有退化现象的个体严格淘汰。实行严格淘汰的实质就是及时将分化出来的不良隐性纯合子淘汰掉，将优良个体留作种用。

☞　轮换使用公畜，进行血缘更新。在进行几代近交后，为了防止不良效应过多积累，可与其他养殖场（户）调换一些同品种、同类型，但无亲缘关系的种公畜或母畜来进行血缘更新，以提高后代的生活力和繁殖性能。

☞　加强饲养管理。近交个体遗传性稳定，种用价值较高，但生活力弱，对饲养管理条件要求较高。如果能满足近交个体对饲养管理上的要求，就可以减轻或不出现退化现象。若饲养管理条件不能满足要求，近交衰退现象就会在各种性状上立即表现出来。所以，对近交后代加强饲养管理十分必要。

☞　多留种公畜。做好选配工作把近交系数控制在一定水平以下，这样可以防止近交衰退。

第三节　本品种选育

一、本品种选育的概念和作用

本品种选育是指在品种内部通过选种选配、品系繁育、改善培育条件等措施，以提高个体的数量。品种内要有足够数量的个体，才能正常地进行选种选配工作。

本品种选育的概念是在同一品种范围内，通过选种、选配、培育以及品系繁育等措施，保持品种的纯度，不断提高品种质量的一种育种方法。同一品种的畜禽遗传结构相似，在同一环境条件下性状比较一致，通过本品种选育能够保持和发展本品种的优良特性，克服某些缺点，并保持品种的纯度，不断提高品种的数量和质量。

二、本地畜禽品种的选育

1. 地方品种的特点

我国地方优良品种根据选育程度大致可分三类，每类的选育措施各有侧重。第一类是选育程度较高、类型整齐、生产性能突出的优良品种。此类品种选育措施主要是开展品系繁育和提高生产性能。第二类是选育程度较低、群体类型不一、性状不纯、生产性能中等、有某些突出经济用途的地方品种。其选育措施主要是选择优良个体组成核心群，着重开展闭锁繁育和近交，固定优良性状，以便保存和增加优良基因。第三类是导入外血育成的新品种。其遗传性还不稳定，后代有分离现象。选育时侧重品种提纯，稳定品种遗传基础。

2. 地方品种选育的基本措施

制订选育规划，确定选育目标。根据国民经济的需要及当地的自然经济条件以及原品种的具体特点，制订地方品种资源的保存和利用规划，提出选育目标。

（1）确定选育目标　要注意保留和发展原品种特有的经济类型和独特品质，并根据品种的具体情况确定重点选育的性状。

（2）建立良种繁育体系　繁育体系由育种场、良种繁殖场和一般饲养场三级组成。育种场进行本品种选育，指导育种工作，培育大量优良纯种畜，分期分批推广，装备各良种繁殖场。良种繁殖场主要是扩大繁育良种，供给一般饲养场。一般饲养场主要生产商品畜禽。

（3）建立性能测定制度，严格选种选配育种群　按国家统一制定的技术指标，及时、准确地做好性能测定工作，建立健全种畜禽档案。

选种选配是本品种选育的关键措施。选种时，重点选择该品种突出的几个主要性状。选配时，各育种场在核心群中，为了建立品系可采用不同程度的近交。

（4）科学饲养，合理培育优良的地方品种　只有在适宜的饲养管理条件下，才能发挥其高性能。在进行本品种选育时，应加强种畜的饲养管理。

（5）开展品系繁育　地方品种或新育成品种，采用品系繁育能加快选育进程，较快收到预期效果。地方品种是长期闭锁繁育的群体，群体的平均近交系数较高，可以在群体中找出突出的家族，采用亲缘建系法，建立繁殖性能高的品系。用性能建系的方法，培育生长快、胴体品质好的品系。

（6）建立选育协作组织　在该组织的统一领导下，制订选育方案，各单位分工负责，定期统一鉴定，评比检查，交流经验，促进地方良种的选育工作。

三、引入品种的选育

1. 引种与风土驯化

把从外地或国外的优良品种、品系、类型或新的畜种引入当地，直接推广或作为育种材料的工作，称为引种。引种时，可直接引入种畜，也可引入种公畜的精液或胚胎。

风土驯化是指引入家畜适应新的生态条件的复杂过程。其标准是引入品种、品系、类型或新畜种的家畜，在新的生态条件下，不但能生存、繁殖和正常生长发育，并且还能保持其原有的基本特征和特性。引入家畜的风土驯化主要通过以下两种途径。

（1）直接适应　引入地的生态条件与原产地的生态条件相似时，引入个体本身在新的生态条件下直接开始适应，通过每个世代在个体发育过程中逐渐适应新的生态条件，直到基本适应为止。

（2）定向改变遗传基础　引入地的生态条件与原产地的生态条件差别大时，引入种畜不能很好适应新生态条件，会产生种种反应。此时，通过选择的作用，淘汰不适应的个体，留下适应的个体繁殖，逐渐改变群体中的基因频率和基因型频率，使引入品种在基本保持原有特性的前提下，发生遗传基因的改变。

上述两种途径彼此不是孤立的、互不相关的，往往是最初通过直接适应，以后则通过选择的作用，定向改变遗传基础，实现引入家畜的风土驯化。

（3）引种需要做的工作

1）正确选择引入品种　根据国民经济的要求，引入具有高的经济价值和育种价值，并对引入地区的生态条件有良好的适应性的品种。一般来说，新引入地与原产地纬度、海拔、气候、饲养管理等相差不远，则容易引种成功；反之，原产地的环境条件与新引入地相差较大，引种困难。

2）慎重选择引入个体　引入的个体必须具有品种特征特性，体质结实，健康，生长发育好，系谱好，无有害基因和遗传疾病的幼年个体。一般要求个体间无亲缘关系，公畜来自不同家系。为了节约引种费用，可以引入良种公畜的精液或良种种畜的胚胎。

3）合理安排调运季节　调运种畜应注意原产地与引入地的季节差异，如由温暖地区引至寒冷地区，宜于夏季到达；而由寒冷地区将家畜引至温暖地区，则宜于冬季到达，以便使家畜逐渐适应气候的变化。

4）严格执行检疫制度　引种前切实加强种畜检疫，到达引入地后实行隔离观察制度。

5）加强饲养管理和适应性锻炼　引种后的第一年是关键的一年，为避免不必要损失，必须加强管理，采取必要的防寒和降温措施，积极预防地方性的寄生虫病和传染病，加强适应性锻炼，使之尽快适应新地区的自然和饲养管理条件。

6）采取必要的育种措施　在选种时，选择适应性强的个体，淘汰不适应的个体。选配时，避免近交，防止生活力下降和退化。采用级进杂交，逐代增加外来品种血缘，缓和适应过程，促使引入品种适应当地环境条件。

2. 引入品种选育的主要措施

（1）集中饲养　由于引入品种数量有限，应采取集中繁殖的办法，按照品种改良的区域规划布局，建立原种繁殖场，以利保种。良种群的大小，因畜种而异。一般在繁殖场良种群中根据畜种不同，引进的种畜应具有一定数量，才能防止近交造成的不利影响。

（2）慎重过渡　对引入品种采取慎重过渡的办法，使之逐步适应。

（3）逐步推广　对引进的良种，应系统地进行引种驯化工作，逐步扩大数量，提高质量，逐渐推广到生产单位饲养，获得良好的经济效益。

（4）开展品系繁育　品系繁育是引入品种选育中的一项重要措施。通过品系繁育可以保持原有品种的优良特性，克服某些缺点；通过系间交换种畜，可防止过度近交；综合不同品系（如长白猪的英系、法系、日系等）的特点，建立我国自己的新品系。

（5）建立相应的选育协作组织　以引入品种为单位建立相应的选育协作组织，加强组织领导，及时总结交流经验，解决引种驯化中出现的各种技术问题，以加速引入品种的选育提高。

第四节　品系繁育

一、品系繁育的概念和类别

1. 品系繁育的概念

品系是指各成员间有一定亲缘关系并具有共同的优良特点，遗传性稳定的种畜禽群。品系繁育在保持某一品种群原有生产性能和体貌特征的基础上，按既定目标进行定向培育，创造具有独特性能品系的育种方式。品系繁育包括建系、利用品系改良现有品种、促进新品种育成和充分利用杂种优势，是促进品种不断提高和发展的一项重要措施。品系繁育的研究和应用在猪、鸡生产方面得到广泛应用，如在养鸡生产中，普遍采用四系配套，促进了鸡新品种的育成和杂种优势利用，使鸡的生产水平大幅度提高。

2. 品系的类别

（1）单系　单系是指从一个优良家系的优秀祖先发展起来的品系。一般以系祖的名字命名。如哈白猪中有一个品系的系祖是 2~6 号，该品系就称为 2~6 号品系。当然单系不是一般的亲缘群，也并不是系祖的全部后代都是品系的成员，只有那些保持或发展了系祖特点的个体才是品系的成员。

（2）近交系　在畜禽育种中，一般把亲代与子代重复杂交若干代而获得的遗传型相对纯一的纯系叫近交系。通常其近交系数在 37.5% 以上，有时达 50%。由于近交会导致衰退，因此要建立一个近交系往往要付出很大的代价。

（3）群系　选择具有共同优秀性状的个体组群，通过闭锁繁育，迅速集中优秀基因，形成群体稳定的特性，这样形成的品系称为群系。与单系比较，群系不仅使建系过程大大缩短，品系规模扩大，且有使原分散的优秀基因在后代集中，从而使群体品质超出任何一个系祖。

（4）专门化品系和合成系　专门化品系是一种具有某方面突出的优点、专门用于某一配套杂交的品系。可分为专门化父系和专门化母系，两者杂交，就可获得经济价值高的商品畜禽，能大大提高生产力。例如，在肉畜中既要建立繁殖性能高的母系，又要建立肥育和屠宰性能好的父系，两者杂交后，杂种优势比一般品种间杂交好。20 世纪 70 年代后在专门化品系基础上发展到合成系，即两个或两个以上的品系杂交，选育出具有某些特点，并能遗传给后代的品系。这种合成系往往生产性能较高，经济性状突出，不追求外形的一致，育成快。如四系配套的荷兰海波尔猪、加拿大的星杂 579 鸡等。

二、品系繁育的作用

1. 促进新品种的育成

在杂交育种过程中，得到一定数量的理想杂种畜群后代，就可以采用品系繁育方法，培育出若干各具特点的品系，再进行系间杂交，建立品种的整体结构，进而育成新品种。

2. 加快现有品种的改良

☞ 能使分散在畜群中优秀个体的突出性状集中，变为畜群所共有，大大增加群内优秀个体的数量，从而提高现有品种的质量。

☞ 抓住重要经济性状，迅速使其固定，继续在高水平下繁育，从而不断提高原有品种的性能水平。

☞ 在品种内建立完整结构，处理好个体间的亲缘关系，使品种内存在一定的差异，保持原品种较强的生命力。

3. 充分利用杂种优势

品系繁育提高了畜群的纯度和性能水平，使种群不仅具有较高的种用价值，并且也是杂种优势利用的良好亲本。

三、品系的建立方法

目前应用的建系方法较多，归纳起来主要分为三种，即系祖建系法、近交建系法和群体继代建系法。

1. 系祖建系法

系祖建系法是最早的建系方法，至今仍在大家畜的育种工作中沿用。系祖建系主要是选定系祖，为系祖选配母畜，从大量后代中选择系祖的继承者，经过连续几代繁育，扩大而形成与系祖有血缘关系、具有与系祖共同特点的高产畜群。系祖建系步骤如下：

（1）选择组建基础群　基础群是指由系祖和与配母畜或者继承公母畜组成的建系畜群。基础群遗传性稳定，是一群有特点的、种用价值高的优秀畜群。

1）制定品系的选育目标与选育指标　首先要根据畜牧生产发展的需要确定品系选育的目标。例如，我国地方猪种的品系繁育，主要是提供杂交母本，则品系选育目标应以提高产子数、哺乳能力和子猪的品质为主。其次要考虑各品系的特点及性状间的相互联系来拟定选育指标。以繁殖力为主的猪品系，选育指标应突出产子数和子猪断奶窝重。其他如体重、体尺、育肥性能等在中等水平以上即可。

2）系祖的选择品系繁育的成效主要决定于系祖的品质　优秀系祖的条件：一是具有独特的优良性状，遗传基础稳定，其余特征在中等以上水平；二是体质健壮，无缺陷与遗传病；三是有一定数量的优秀后代。系祖最好在种群中寻找，也可以培育。

3）系祖的与配母畜或品系继承母畜的选择、选择与配母畜或继承母畜　首先必须符合目标，体型外貌符合品系要求，性能的主要指标应达到或接近品系的选育指标。其次要求在血统上与系祖无亲缘关系，但必须是同质的。

（2）选育亲缘群

1）系祖继承　公畜的选择以性能为主，严格按选育指标，并采用选择系祖的方法进行。

2）选配零世代　选配方式是同质选配一世代、二世代继承公畜及与配母畜，多数是有亲缘关系的，如侄女及堂表兄妹等。但是必须要有少量与继承公畜没有亲缘关系的母畜。则一、二世代选配是低度近交与同质选配相结合。从三世代开始采用以近交为主要方式的选配，迅速固定系祖的优良性状。若采用较高程度近交出现近交衰退现象，应立即停止近交，继续进行同质选配，以防止群体退化和遗传性状的动摇。

3）建立支系　从一世代建立3～4个公畜系统，每个公畜系统形成1～2个支系，如此一个品系形成4～6个支系。一个支系中，每一世代保留2头公畜（一头主配，一头后备）和10～20头母畜。支系间实行交叉配种，适度近交。全程经过5～6个世代选育，可得理想的品系群，群体近交系数保持在10%～15%水平。

（3）纯繁与扩大亲缘群　在基础群自群繁育后期，按照品系的选育指标，坚持性能与亲缘相结合的原则，严格选择淘汰。用近交、重复选配等方法加强群内性状一致性的选育，形成具有突出优点的品系。

在品系基本形成以后，通过系内核心组种畜的大量繁殖，以及利用系内核心组公母畜与外来同质种畜配种，保证品系群内数量的扩大和品质的改善。

2. 近交建系法

近交建系法的特点是利用高度近交，如亲子、全同胞或半同胞交配，使优秀性状的基因迅速达到纯合。它和系祖建系法不同，不是围绕某一头优秀个体，而是从一个基础群开始高度近交。其建系方法是：

（1）建立基础群

1）基础群的数量 基础群的数量要大。

2）基础群质量 基础群要有优秀个体，选育性状也应相同。选留的公畜须经后裔鉴定，并经测交证明未带隐性有害基因。

3）基础群分群 基础群内再分小群，形成若干支系，然后综合最优秀支系建立近交系。

（2）实行高度近交 英、美等国几乎都是采用连续的全同胞交配来建立近交系，近交系数保持在37.5%以上。家禽高一些，近交系数达到50%以上。

（3）选择近交4～5代后 如果建系初进行选择，会使杂合子被选留，不利于纯化。如根据表型值选留，不应过分强调生活力。近交过程由于基因分离组合，需要密切注意是否出现优良性状组合。一旦发现，应立即选择并大量繁殖，以加速近交系的建成。

3. 表型建系法

表型建系法又叫群体继代选育法，简称群体建系法。它是以生产性能的表型值和体型外貌等特点为主，选择建系的基础群，然后闭锁繁殖，经过几个世代的系统选育，形成遗传性稳定、整齐均匀的品系。

表型建系法大体可分为三步：

（1）组建基础群 选择基础群时，公畜间没有亲缘关系，公母畜间也应没有亲缘关系。

（2）闭锁繁育

1）畜群封闭方式 基础群选出后，畜群必须严格封闭，不再引入其他来源的种畜禽。

2）选配 采用不同家系间的随机交配，避免高度近交。

（3）选种方法 ①按选育目标严格选种。②分级留种。③尽量照顾每个家系。

基础群经过4～6代的闭锁繁殖，近交系数达到10%～15%，选择的性状符合建系指标要求，群体遗传性又稳定，群系即建成。此法强调缩短世代间隔，加快遗传进展——建系的速度快。同时，它以表型建系为主，适用于在纯种内培育遗传力高的经济性状为特点的品系。目前广泛应用于养猪业、养禽业。

第五节 畜禽杂交技术

一、杂交的概念和作用

杂交是指不同种群（种、品种、品系）的公、母畜的交配。不同品种或品系杂交的后代称杂种。从遗传学角度看，杂交是两个基因型不同的纯合子之间的交配。

杂交的作用

能综合双亲性状，育成新品种。杂交使群体基因重组，综合双亲的性状，产生新的类型。如高产品系与抗病品系杂交，可育成既高产又抗病的品系。

改良家畜的生产方向。如利用摩拉水牛与本地水牛杂交，可产生乳役兼用的摩拉杂交一代牛。

产生杂种优势，提高生产力。如猪的杂交，杂种育肥增重可提高10% ~ 20%；杂种母猪窝产子数平均可提高5% ~10%；断奶窝重可提高8% ~17%。

二、杂交的基本方法

杂交改良是畜牧业获得较高经济效益和培育新品种的重要途径。常用的杂交改良方法有级进杂交、引入杂交和育成杂交。

1. 级进杂交

级进杂交又称改良杂交，指用引入的优良品种与原有品种逐代杂交，彻底改变原有品种的经济性状，显著提高其生产水平。这种杂交方法既是一种改良品种的方法，也是一种育成新品种的方法。

级进杂交目的

当原有地方品种的生产性能低劣，不能满足国民经济发展及人们生活需要时，或需彻底改变其原来固有的生产类型时，可采用级进杂交来改良。例如粗毛羊转变为细毛羊，役用牛转变为肉用牛，脂用型猪转变为瘦肉型猪等。

级进杂交方法

用改良品种的公畜和被改良品种的母畜杂交，对其所生的杂种母畜继续与改良品种的另一些公畜一代一代地杂交，直到杂种获得较理想性状后，进行自群繁育，稳定和发展这些优秀个体。简单地说，即以改良品种连续与被改良品种回交。

级进杂交注意事项

只要杂种基本接近改良品种，或基本上达到预定指标即可，不要追求过高代数，否则会导致杂种体质下降，生产性能降低。

必须选择符合改良目标要求，具有高产性能、适应性强，而且遗传性稳定的优良品种，否则，改良时间长，而且效果差。

随着杂交代数的增加，杂种生产性能和体质愈接近改良品种，对培育条件要求愈高。因此，要改善饲养管理条件，并加强对杂种适应性的选择，才能提高改良效果。

级进杂交是改良经济价值低的本地品种较迅速而有效的方法，在全球范围内都有广泛应用，在我国畜禽品种改良中应用较早，也极为普遍。许多地区有计划地使粗毛羊变为细毛羊，使役用牛变为肉用、乳用牛，以及改良一些体型小、生长慢、成熟晚的猪种等，已获得了显著成效。

2. 引入杂交

引入杂交又称导入杂交，是指在保留原有品种基本特性的前提下，利用引入品种来改良其某些缺点的杂交改良方法。

引入杂交目的

保持原有品种的主要特性和优良品质，并能在较短时间内改进原有品种的某些缺点。一些地方品种选育中常使用此法。例如，用长白猪与荣昌猪进行杂交，改进其体型和四肢软弱的缺点，收到很好的效果。

引入杂交方法

引入品种的公畜与原有品种的母畜杂交一次，从杂种中选出理想的公畜与原有品种的母畜回交；理想的杂种母畜与原有品种的优秀公畜回交，产生含25%外血的杂种（即回交一代）。是否再回交，主要视其杂种回交一代的具体表型。如果回交一代不理想，可以再回交一次，以此类推。最后选择理想型杂种，进行自群繁育。

引入杂交注意事项

引入品种的生产性能、体质类型要与原品种基本相似。具有弥补原品种某些缺陷的显著优点，该优点有较强的遗传能力。

引入杂交能否取得预期效果，应先进行小规模杂交试验。如果取得明显效果，就可以全面开展引入杂交改良工作；否则，重新选择引入品种，再进行杂交试验工作。

引入杂交改良成功的关键是对杂种后代的细致选择和合理培育。否则，引入品种的优点会随着回交代数的增加而逐渐减弱或消失，后代恢复原状。

提供特别优秀的公畜参入回交，是引入杂交成功的关键。回交所需的本品种的优秀个体，依靠本品种选育提供，则引入杂交要以本品种选育为主。

引入杂交一般应用于本品种选育、新品种培育及正在培育的品种中。例如，东北细毛羊在选育过程中曾引入过斯达夫细毛羊，在改善毛长、提高净毛率上取得了较好效果。

3. 育成杂交

指两个或两个以上品种间用各种形式进行杂交，以育成新品种。育成杂交的特点是目标明确，即有目的、有计划、分步骤地培育新品种。其杂交方式灵活多样，没有固定模式或杂交代数，参入品种间没有改良与被改良之分。

（1）简单育成杂交　指用两个不同品种杂交，以培育新品种的方法。简单育成杂交所使用的品种少，获得理想型的遗传性比较容易固定。因此，育成的速度快，所用时间短，成本较低。例如新淮猪是用大约克夏猪和淮猪进行正反交，得到杂种一代母猪再和大约克夏公猪杂交产生杂种二代。然后对杂种一代和二代进行严格选择，选出黑色毛、生产性能高的个体，进行自群繁育育成新淮猪。

（2）复杂育成杂交　指用三个以上品种进行杂交，以培育新品种的方式。多品种杂交后代具有丰富的遗传基因，但也不可用过多的品种。选用的品种过多，其后代的遗传基础较复杂，杂种后代的变异范围较大，培育所需的时间也相对地延长。

例如新疆细毛羊是用四个品种绵羊育成的，初期用高加索、泊列考斯两个品种的公羊与本地的哈萨克羊和蒙古羊分别杂交，用杂种一代母羊，继续和高加索、泊列考斯种公羊杂交，直至杂种四代时，选出优秀的杂种公母羊进行品种固定，经过长期选育，培育成了新疆细毛羊。

三、杂交改良方案的制订

开展畜禽杂交改良工作，必须在全面调查研究基础上，根据国民经济需要，结合当地自然经济条件和原有品种特点，制订一个切实可行的改良育种方案，确定育种方向、育种指标和育种措施。

1. 杂交创造理想型阶段

这一阶段是运用两个或两个以上的品种，通过杂交使基因重组，创造新的理想类型。

2. 横交固定阶段

本阶段的主要任务是将理想型固定。当杂种群有15%左右达到理想类型要求，并培育出遗传性较稳定的杂种公畜时，即可组成繁育基础群。通过杂种间互相选配（横交），使后代遗传特性固定下来。

3. 扩群提高阶段

这阶段的主要任务是扩充品种群，使其数量增加，质量提高。要通过进一步选择和培育，巩固和提高已建立的品系。必要时，可适当进行品系间杂交，建立新品系，使品种群的质量全面提高。

四、杂种优势率的计算

杂种优势是指杂种的某些数量性状的表型值超过两亲本的平均值，甚至比两亲本各自的水平都高的现象。主要表现在杂种的生活力强、体质健壮、生长发育快、生产性能高、适应性强等方面。杂种优势率是杂交种某一数量性状平均值与双亲同一性状平均值的比值。

杂交优势率的计算公式：

$$H = \frac{F - P}{P} \times 100\%$$

式中：H 为杂交优势值；

F 为第一代杂交平均值；

P 为两亲本种群平均值。

五、杂种优势的利用

1. 杂种优势的表现

杂种优势利用又称经济杂交，杂种优势指杂种后代（子一代）在生活力、生长发育和生产性能等方面的表现优于亲本纯繁群体。如某一良种羊群体平均体重为40千克，本地羊群体平均体重为30千克，两者杂交后产生的杂种群体平均体重为36千克，这就表现出了杂种优势。杂种优势是当今畜牧业生产中一项重要的增产技术，已广泛应用于肉鸡、蛋鸡、肉猪、肉羊、肉牛生产，为提高畜牧业经济效益作出了巨大贡献。

　　杂种并不是在所有性状方面都表现优势，有时也会出现不良的效应。杂种能否获得优势，其表现程度如何，主要取决于杂交用的亲本群体质量和杂交组合是否恰当。如果亲本缺少优良基因，或双亲本群体的异质性很小，或者不具备充分发挥杂种优势的饲养管理条件等，都不能产生理想的杂种优势。因此，杂种优势利用的完整概念，既包括对杂交亲本种群的选优提纯，又包括杂交组合的选择和杂交工作的组织，它是一整套综合措施。

　　2. 提高杂种优势的措施

　　（1）杂交亲本的选优与提纯　亲本的好坏和纯度直接影响杂种优势利用的效果，因为杂种从亲本获得优良、高产的基因是获得杂种优势的基础。有了优秀的亲本和恰当的杂交组合，才能获得明显的杂种优势。

　　"选优"就是通过选择使亲本群体高产基因的频率尽可能增加。"提纯"就是通过选择和近交使得亲本群体在主要性状上纯合基因型频率尽可能扩大，个体间差异尽可能缩小。亲本群体愈纯，杂交双方基因频率之差也愈大，杂种优势就愈明显。选优与提纯同步进行，才能有效提高杂种优势的效果。在猪、鸡生产中，由于事先选育出优良的近交系或纯系，然后进行科学杂交，从而获得了强大的杂种优势，取得了显著的生产效果和良好的经济效益。

　　杂交亲本选优与提纯的主要方法是实行品系繁育和近交等方法。

　　（2）选定最佳杂交组合　有了优良的杂交亲本群体，还要通过杂交试验选出品种或品系间的最佳杂交组合。为了获得最优的杂交组合，应考虑选择那些在分布上距离较远、来源差别较大、类型特点不同的品种或类群作为杂交亲本。

　　在生产中，杂交亲本的选择应按照父本和母本分别选择。母本要选择本地区数量多、适应性强的品种或品系。良好的母本应具有繁殖力强、母性好、泌乳力强等特点。父本首先要选择生长速度快、饲料利用率高、胴体品质好的品种或品系，如长白猪、约克夏猪等；其次要考虑适应性和种畜来源问题，一般父本多选择外来优良品种。

　　确定最佳杂交组合试验，可选择若干优良父本品种与母本品种（本地品种）杂交，筛选出优良组合。在生产中，许多地方通过试验筛选出了适于本地生产的最优杂交组合。

　　（3）建立专门化品系和杂交繁育体系　专门化品系就是优点专一，并专作父本或母本的品系。利用专门化品系杂交可以获得显著的杂种优势。例如，在养猪、养鸡生产中建立繁育性能高的母本品系，同时建立生长快、饲料利用率高的父本品系，通过杂交确定最优杂交组合，能获得超出一般水平的理想效果。

　　为了确保杂种优势利用工作的顺利开展，应特别重视建立杂交繁育体系，即建立各种性质的畜牧场。目前建立的杂交繁育体系有三级杂交繁育体系和四级杂交繁育体系。

三级杂交繁育体系即建立育种场、一般繁殖场和商品场。育种场的主要任务是选育和培育杂交亲本；一般繁殖场主要进行纯种繁殖，为商品场提供父母本；商品场主要进行杂交畜禽的商品生产。这种繁育体系适用于两品种杂交生产。

四级杂交繁育体系是在三级杂交繁育体系的基础上加建一级杂种母本繁殖场。开展三品种杂交的地区要建立四级杂交繁育体系。

3. 产生杂种优势的杂交方法

（1）二元杂交　也叫简单的经济杂交或单杂交，二元杂交就是用两个不同品种（或品系）杂交，产生的一代杂种公母畜禽全部作经济利用，不留种。这种方法简单易行。通常以当地品种为母本，只需引进一个外来品种作父本，数量不用太多便可杂交。一代杂种优势可靠，在提高生长率、饲料报酬方面作用是显著的。养猪业中的"公猪良种化，母猪本地化，肉猪杂种一代化"就是这种方式。这种方式的缺点是不能充分利用繁殖性能方面的杂种优势，因为用以繁殖的母畜禽都是纯种，杂种一代的繁殖性能没有机会表现出来。

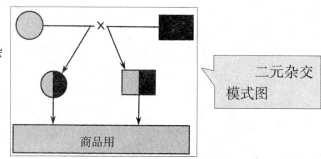

以猪为例，二元杂交的杂交组合有以下几种类型：

　　地方良种×国内培育新品种

　　地方良种×引入品种

二元杂交模式图

（2）三元杂交　又叫三品种杂交，三元杂交就是先用两个品种杂交产生具有杂种优势的母本，再与第三个品种的公畜禽杂交，产生的三品种杂种全部供经济利用。

一般来说，三品种杂交的总杂种优势要超过单杂交。所以在目前畜牧业商品生产中多采用三元杂交，如猪的三元杂交已在全国普遍推广应用。三元杂交的缺点是需要有三个繁殖场分别饲养三个纯种，要进行两次杂交试验才能确定最佳杂交组合，因而，三元杂交的组织工作和技术工作都比较复杂，成本也较高。

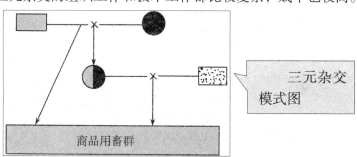

三元杂交模式图

（3）双杂交 用四个品种分别两两杂交，然后再在两种杂种间进行杂交，产生经济利用畜禽群，这种方法叫双杂交。

双杂交最初用于生产杂交玉米，在畜牧业中主要用于养鸡生产。鸡的双杂交基本方法是：先用高度近交建立近交系，再进行近交系间配合力测定，选择适于作父本和母本的单杂交系，然后再进行单杂交系间的杂交。选定了杂交组合后分两级生产杂交鸡，第一级是生产单杂交鸡，第二级是生产双杂交商品鸡。

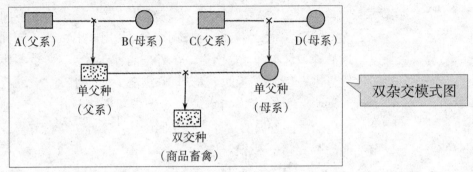

双杂交模式图

双杂交的优点

遗传基础广泛，容易获得更大的杂种优势；除利用杂种母畜禽的优势外，还利用了杂种公畜禽的优势。由于大量利用杂种繁殖，可少养纯种，降低生产成本。当然，这种杂交方式涉及四个种群，组织工作比较复杂。在家禽生产中同时保持四个纯种群比较容易，因而被广泛应用。在现代蛋鸡生产中，所采用的品种多为双杂交种，因而一般要建立四种类型的繁育场。

（4）轮回杂交 用两个或两个以上品种轮流杂交，各世代的杂种母畜禽除选留一部分再与另一品种杂交外，其余杂种母畜禽和全部杂种公畜禽供经济利用，这种杂交方式称为轮回杂交。

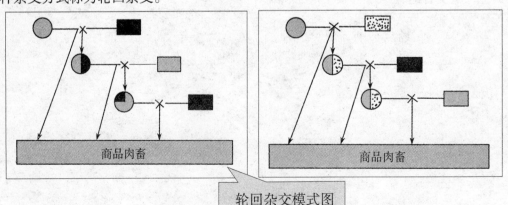

轮回杂交模式图

六、制订杂交改良方案的基本原则

在生产中，要组织开展杂交改良工作，首先必须制订切实可行、科学合理的杂交改良方案。制订杂交改良方案应遵守以下原则：

1. 明确改良目标

改良目标要根据社会经济发展的需要来制定，要能满足人民生活水平日益提高的需要。如黄牛改良目标是向肉用或乳用方向发展。

2. 选择适宜的杂交改良方法

要根据选用品种的多少及改良目标确定适宜的杂交改良方法。既要有利于实施，又要能达到预期目的。

3. 慎重选择杂交亲本

筛选最佳杂交组合，杂交亲本的母本一般选择地方品种，父本一般选择引进优良品种，而且要加强对父本的选择。

4. 建立杂交繁育体系

可根据需要建立三级或四级杂交繁育体系。

5. 加强对试验示范推广工作的指导

由于我国畜牧业以户养为主，开展杂交改良工作涉及许多养殖场（户）的利益，因而，推广工作应由点到面逐步进行，并要加强对推广工作的技术指导。

七、远缘杂交

不同属或不同种的公母畜禽交配叫远缘杂交。由于远缘杂交是不同属、种间的杂交，个体遗传结构差异大，所以，远缘杂交能产生强大的杂种优势。

1. 远缘杂交在畜牧业中的应用

远缘杂交普遍存在于畜牧生产中，在养马业，利用马与驴杂交能产生强大的杂种优势，其杂交方式有两种：

母马×公驴→骡子（马骡）　公马×母驴→驴骡

骡子和驴骡的特点是体质强壮，吃苦耐劳，抗病力强，役用性能比双亲本都好，在我国北方地区广泛用于生产。

在养牛业方面，使用远缘杂交的有好几种，如用黄牛公牛与牦牛母牛杂交，所生后代叫犏牛。犏牛个体大，发育快，耐粗饲，善攀登。冬春季"抓膘"快，适应高原气候，其驮运和耕作能力都超过双亲，产乳量也高于牦牛，表现出强大的杂种优势。

另外，在养禽业、养羊业、养猪业也有不少成功的例子，其后代均表现出了强大的杂种优势。

2. 远缘杂交不育的原因

远缘杂交虽能产生强大的杂种优势,但其后代往往存在不育现象。上述马和驴的远缘杂交,其后代公母骡均没有生殖能力,但极少数母骡也偶有生殖现象。据报道,全世界仅有数十例母骡有生育现象,且出现这种情况的概率很小。黄牛公牛与牦牛母牛杂交,所生后代公犏牛无生殖能力,而母犏牛可生育。

从遗传角度来看,远缘杂交不育的原因是由于种(属)间染色体数目和结构的不同而引起的。例如,马的染色体 $2n=64$,驴的染色体 $2n=62$,在远缘杂交后代骡的细胞中有相对的两个染色体组(n驴$=31$,n马$=32$),对应各染色体组没有同源关系,因此,骡的性细胞在减数分裂时,染色体数目变动很大,而且没有配对,因而不能产生可育的配子。所以,一般来说骡子没有生殖能力。据观察报道,公骡睾丸中只能产生少量畸形精子,母骡的输卵管变得狭窄,不发情或发情不正常。而雄性杂种无生殖能力,这个机制目前还不十分清楚,有待进一步研究。

复习思考题

1. 多性状选择的方法有哪些?
2. 建立品系的方法有哪些?
3. 引入杂交如何操作?应注意什么?

第三章 家畜繁殖技术

【知识目标】

1. 了解母畜发情基本规律。
2. 了解人工授精的基本知识。

【技能目标】

1. 掌握母畜发情鉴定的方法和引诱发情的方法。
2. 掌握猪输精的方法。
3. 掌握羊采精的方法。

第一节 母畜的发情及鉴定

一、母畜发情

1. 发情的概念

发情是母畜性成熟后的一种生理表现。母畜的生殖器官和机体会发生一系列周期性变化，如排卵、性行为动作、鸣叫、爬跨别的家畜、愿意接近公畜、有交配欲望、阴部肿胀并有黏液流出……

2. 发情周期

通常把一次发情开始到下一次发情开始间隔的时间称为发情周期。发情周期分为发情持续期和休情期两个阶段。

（1）发情持续期 指从一次发情开始到这次发情结束所持续的时间。这段时间内，母畜的发情表现集中，排卵、生殖道组织充血、肿胀，子宫颈口开张并有黏液排出，有强烈的交配愿望。

（2）休情期 指一次发情结束到下一次发情到来之前这段时间。精神状态正常，生殖器官处于稳定状态，没有交配愿望。

母畜发情周期的长短和发情持续期的长短，因营养条件不同、畜种不同、品种不同、个体情况不同、年龄不同而各异。

黄牛的发情周期为 $18 \sim 24$ 天，平均 21 天，发情持续期为 $1 \sim 1.5$ 天。

猪的发情周期为 $18 \sim 23$ 天，平均 21 天，发情持续期为 $2 \sim 3$ 天。

绵羊的发情周期为 $12 \sim 21$ 天，平均 21 天，发情持续期为 1.5 天。

山羊的发情周期为 $12 \sim 24$ 天，平均 20 天，发情持续期为 $1 \sim 2$ 天。

驴的发情周期为 $14 \sim 36$ 天，平均为 23 天，发情持续期为 $4 \sim 6$ 天。

马的发情周期为 $15 \sim 25$ 天，平均 21 天，发情持续期为 $5 \sim 7$ 天。

3. 发情季节

（1）季节性发情 指家畜在自然的繁殖季节内才出现发情和排卵，其他季节卵巢处于静止状态。羊、驴、马属于季节性多次发情的家畜。

由于地域不同、品种不同，发情次数和发起时间也有差异。羊发情一般在 $8 \sim 10$ 月，驴和马发情一般在 $3 \sim 7$ 月。

（2）非季节性发情 除怀孕期间外，一年四季均可发情并配种，成为非季节性发情。猪和兔属于全年多次发情的家畜。放牧牛的发情也没有明显的季节性，但有发情淡季和旺季之分，夏季是放牧牛的发情旺季。

4. 初配年龄

（1）初情期 指母畜第一次发情排卵的年龄。初情期虽然有发情表现，但不适合配种。

母牛的初情期为 6～12 月龄。

母猪的初情期为 3～6 月龄。

母羊的初情期为 4～8 月龄。

母马的初情期为 12 月龄。

（2）性成熟 家畜发育到一定时期，生殖器官基本发育完全，具备了繁殖能力，这被称为性成熟。母畜性成熟后会出现发情和排卵。

母牛的性成熟期为 10～14 月龄。

母猪的性成熟期为 5～8 月龄。

母羊的性成熟期为 6～10 月龄。

母马的性成熟期为 15～18 月龄。

母驴的性成熟期为 18～30 月龄。

（3）体成熟 指母畜全身各种器官都达到完全成熟，具备了成年家畜所有的形态和生理功能。

（4）初配年龄 指母畜适宜配种的初始年龄。体成熟晚于性成熟，过早配种会影响母畜的自身发育，容易造成后代发育不良，或难产。但配种也不宜过迟，配种过迟影响母畜的利用率，还会使母畜发胖，生殖能力降低。

母牛的初配年龄为 1.5～2 岁。

母猪的初配年龄为 8～10 月龄。

母羊的初配年龄为 1～1.5 岁。

母驴的初配年龄 2.3～3 岁。

5. 产后发情

指母畜分娩后出现的第一次发情。

母牛产后发情差异很大，一般产后 40～45 天发情，早发情的在产后 16 天就会出现，推迟发情的在产后几个月才会出现。在产后 25～30 天再次排卵的母牛，多为安静发情，很难发现。

母猪产后 3～6 天出现第一次发情，但不排卵。一般在断奶后 7 天再次发情，这时可以配种。少数母猪断奶前发情也可配种。

母羊大多数在产后 2～3 个月第一次发情，能正常排卵，不哺乳幼羊的母羊产后 20 天即可发情。

母驴一般产后 6～12 天第一次发情，可立即配种，老百姓叫"配热窝"。

6. 异常发情

母畜初情期后、性成熟前、繁殖季节开始阶段，因营养不良、饲养管理不当、环境温度突变等容易引起异常发情。常见的情况有：

（1）安静发情 母畜外表没有发情征兆，但有排卵。常出现在产后第一次发情、带子期间、青年母畜、营养不良等情况下。

（2）短促发情　指发情持续期比正常情况下的持续期短，不留意，会错过配种时机。

（3）间断发情　指母畜发情时断时续，发情持续期很长。早春季节和营养不良的母畜会出现间断发情。

（4）孕后发情　指母畜怀孕期间出现的发情。尤其是怀孕早期，在没有确定母畜怀孕的情况下，先不要急于输精，否则会造成流产。

二、发情鉴定

发情鉴定是家畜繁殖工作中一项重要的技术环节，通过发情鉴定，可以判断动物的发情进程，预测排卵时间，以便确定配种适期，从而达到提高受胎率的目的。通过发情鉴定还可以发现动物发情是否正常，以便发现问题，及时解决。

母畜发情是在内分泌的调节下，精神状态、生殖器官和性行为等发生的一系列变化。这种变化包括外部表现和内部变化。外部表现是可以直接观察到的，而内部变化是指生殖器官和激素水平的变化。其中卵巢内卵泡发育是发情的本质变化。因此，在进行发情鉴定时，不仅要观察动物的外部表现，更重要的是要掌握卵巢上卵泡发育状况这一内在本质特征，同时，也可通过激素水平测定并结合影响发情的各种因素，进行综合地科学分析才能做出较准的判断，最后确定适宜的配种时间。

不同家畜的发情特征具有其共性，也有个性。在进行发情鉴定时，既要注意其共性方面，又要注意不同家畜的各自特点。

母畜发情鉴定方法有多种，生产实践中常用的方法有：外部观察法、试情法、阴道检查法、直肠检查法等。随着科学技术的进步和测试仪器的完善，又提出了许多新的发情鉴定方法，如：激素水平测定法、黏液电测法、仿生法和阴道细胞学检测法等。但无论采用何种方法，在发情鉴定前均应向畜主了解动物的繁殖历史和发情过程。

1. 外部观察法

外部观察法主要是通过对母畜外部表现和精神状态的变化判断是否发情和发情的程度。动物发情时，一般表现为食欲下降甚至拒食、兴奋不安、活动频繁、外阴部肿胀、黏膜潮红湿润、排尿频繁、对周围环境和雄性动物反应敏感等征状。

不同发情阶段母畜阴部表现

①发情初期。阴道黏膜呈粉红色，无光泽，有少量黏液，子宫颈口略微开张。

②发情高潮期。阴道黏膜潮红，有强光泽和滑润感，子宫口充血、肿胀、松弛、开张。

③发情末期。阴道黏膜颜色变淡，黏液量少而黏稠，子宫颈口收缩闭合。

不同母畜发情时有着各自特殊的表现：

（1）母牛发情时　爬跨其他母牛，时常哞叫，食欲减退，尿频，甩尾，阴道流出透明的条状黏液。

配种最佳时期为：母牛爬跨将停将止，阴门开始收缩时。

（2）母猪发情时　拱门跳圈，食欲减退，主动靠近公猪，阴唇红肿，按母猪的背部时母猪表现为呆立塌腰。

配种最佳时期为：母猪静立反射，阴唇开始收缩，颜色由红变紫时。

（3）母马发情时　扬头嘶鸣，阴唇时而外翻闪露阴蒂。

配种最佳时期为：发情中后期，马不停回头看臀部时。

（4）母驴发情时　伸颈低头或"吧嗒嘴"，两耳后抿，频频排尿，阴门肿胀。

配种最佳时期为：母驴急切，愿意接受交配，在发情旺期配种。

（5）母羊发情时　喜欢接近公羊，并强烈摆动尾部，被公羊爬跨时安静不动。外阴部没有明显变化。

配种最佳时期为：发情中后期配种。

（6）母兔发情时　脚爪扒地，踏脚，不停用下腭摩擦食具，爬跨其他母兔，主动接近公兔。如遇公兔爬跨时主动抬高臀部，阴部黏膜变化明显。

配种最佳时期为：粉红早，黑红迟，老红配种正适宜。

上述一些特征是随着发情过程的进展，由弱变强，又逐渐减弱，直到发情结束，恢复正常行为。

外部观察法是生产中最常用的方法，为了获得准确鉴定效果，应建立对畜群或个体的监控系统和定时观察制度，以便准确认定个体发情起始时间，掌握其发情进程。

2. 试情法

试情法是根据雌性动物对雄性动物亲疏行为判断是否发情和发情进程。雌性动物发情时，通常表现为愿意接近雄性，举尾、做交配姿势、安静接受公畜爬跨等。未发情或发情结束后的母畜，则表现为远离雄性，当强行牵引接近时，往往会出现躲避甚至踢、咬等抗拒行为。实验小动物是以公、母兽同放在笼内进行观察。

专用试情的雄性动物应是体质健壮、性欲旺盛及无恶癖的非种用公畜。在常见家畜中，牛、猪、山羊等发情时有同性相互爬跨行为。根据接受其他发情母畜爬跨的安静程度，识别发情母畜。

此法常结合外部观察法使用，因操作简便、行为明显、容易掌握，适用于各种动物，在生产实践中得到广泛应用。

3. 阴道检查法

阴道检查法主要适用于牛、马、驴等大家畜。

具体操作是：将消毒灭菌的阴道开张器或扩张筒插入被检母畜的阴道内，借助光源观察阴道黏膜颜色、充血程度，子宫颈阴道部的松弛状态、子宫颈外口的颜色、开口大小，黏液的颜色、黏稠度及黏液量的大体情况，依此来判断母畜是否发情及其发情进程。特别要注意的是在使用阴道开张器或扩张筒插入被检母畜的阴道内时，操作要小心谨慎，避免损伤阴道黏膜和撕裂阴唇。这种方法因不能准确地判定母畜的排卵时间，目前仅作为辅助性的检查手段。

4. 直肠检查法

直肠检查法只适用于大家畜。如牛、马、驴、鹿等大动物。

具体操作是：以清洁消毒并涂有润滑剂的手、臂（最好戴上长臂乳胶手套）伸入保定好的母畜直肠内，先排出宿粪，再隔着直肠壁以手指轻稳触摸卵巢及其卵泡的变化情况。如卵巢的大小、质地和卵泡发育的部位、大小、弹性，卵泡壁厚薄以及卵泡是否破裂，有无黄体等情况。

此法在生产实践中对马、驴和牛的发情鉴定效果较为确实，可判定和预测发生排卵时间，减少输精次数和提高受胎率。此外，也可作鉴别诊断，防止孕后发情的误配导致流产。因此，直肠检查法在大家畜的发情鉴定和输精时间确定上得到了广泛的应用。但此法对初学者一时难以掌握，必须要岗前培训，经反复认真操作，积累足够的经验后才能掌握。

第二节　同期发情和诱导发情

发情和排卵主要受神经内分泌和生殖激素的共同作用调节，当母畜生长发育到初情期时，下丘脑的某些神经细胞所分泌的促性腺激素释放激素（GnRH），可促使脑垂体前叶分泌促性腺激素，包括促卵泡素（FSH）和促黄体素（LH）。其中促卵泡素可促使卵巢中的卵泡发育并分泌雌激素，引起母畜一系列的发情表现和生殖器官的相应变化。同时，雌激素的分泌导致垂体分泌促黄体素的高峰，进而引起排卵，并在排卵的卵泡内形成黄体。此时，黄体分泌孕酮，孕酮的反馈作用抑制垂体分泌促性腺激素，同时也抑制了卵泡发育和发情。如母畜未妊娠，则经过一段时间后由子宫产生的前列腺素，可促使黄体迅速退化，从而体内孕酮量下降。此时垂体因失去了孕酮的抑制作用而又开始分泌促性腺激素，再次促使卵泡发育，引起发情和排卵。当母畜在发情期间经配种而受胎时，则前列腺素促使黄体退化的作用受到抑制，因此卵巢中的黄体不消失，而转变为妊娠黄体，一般继续存在到妊娠后期。

根据上述原理，常可用人工方法改变母畜的正常发情和排卵规律，进行发情控制。主要的方法有同期发情和诱导发情。

一、同期发情

同期发情实质是诱导动物群体在同一时期发情排卵的方法，在动物生产中的主要意义是便于组织生产和管理，提高畜群的发情率和繁殖率。例如，在人工授精技术和胚胎移植技术推广应用中，如果使用同期发情技术，操作起来就比较方便。

同期发情的基本原理是通过调节发情周期，控制动物群体的发情排卵在同一时期发生，使黄体期延长或缩短的方法，通过控制卵泡的发生或黄体的形成，均可使动物达到同期发情并排卵。延长黄体期最常用的方法是进行孕激素处理。孕激素种类很多，常用的有孕酮、甲孕酮、甲地孕酮等，它们对卵泡发育具有抑制作用，通过抑制卵泡期的到来而延长黄体期。处理方法有皮下埋植，阴道海绵栓，口服和肌内注射等。

缩短黄体期的方法

①注射前列腺素。
②注射促性腺激素。
③注射促性腺激素释放激素等。

总之，所有能诱导动物发情排卵的方法均可用于诱导同期发情。

但是，同期发情技术的应用必须与牧场实际情况相结合才能产生预期效果。如果使用冷冻精液进行配种，使用新鲜胚胎进行移植，则推广应用同期发情技术就可以达到预期效果。如果使用新鲜精液配种或冷冻胚胎移植，就不一定需要进行同期发情。相反，在自然交配下，当公畜数量不足以承受同期发情母畜的配种能力，则不能进行同期发情处理。

二、诱导发情

对处于乏情状态的母畜，如非发情季节中的母羊或处于哺乳乏情期的母牛，可使用促性腺激素制剂，包括促卵泡素、孕马血清促性腺激素或促性腺激素释放激素等诱发母畜发情排卵，从而使母羊一年产羔两次，或缩短母牛的产犊间隔，提高经济效益。

诱导发情的处理对象：处于哺乳期、乏情季节、病理乏情（持久黄体、卵巢黄体囊肿、卵巢静止）的母畜。

常用药物：孕酮及其类似物、前列腺素及其类似物、促性腺激素类（孕马血清促性腺激素、促卵泡素、人绒毛膜促性腺激素、促黄体素）、促性腺释放激素类（促排2号、促排3号）、雌激素类（雌二醇、己烯雌酚、三合激素）。

常用品：孕酮类海绵栓、硅胶栓、自制棉栓、孕酮类埋植剂、注射器、激素埋植枪、输精枪、0.2%高锰酸钾溶液、酒精棉球、生理盐水等。

各种家畜的诱导发情技术分述如下：

1. 牛的诱导发情

（1）孕激素埋植法用含18－甲基炔诺酮15~25毫克的药管埋植于母牛耳背皮下，1~2周后取管，同时肌内注射孕马血清促性腺激素（PMSG）800~1 000国际单位，即可诱发母牛发情。

（2）孕激素阴道栓塞法栓塞物可用泡沫塑料块或硅橡胶环做成，硅橡胶环为一螺旋状钢片，表面敷以硅橡胶，它们包含一定量的孕酮或孕激素制剂。将栓塞物放在子宫颈外口处，其中激素缓慢渗出被组织吸收。处理结束时，将其取出即可，或同时注射孕马血清促性腺激素。

（3）其他方法促性腺激素释放激素类似物LRH－Az或LRH－A。200~400微克肌内注射，连用1~3次（每天1次），对奶牛效果较好。如果母牛长期不发情，则注射前列腺素或其类似物15－甲基前列腺素和氯前列烯醇，用法有两种，一种是子宫灌注，1毫升/头；另一种是肌内注射，2毫升/头。

总的来说，不管哪种方法，激素处理有效期有短期（9~12天）和长期（16~18天）两种。处理结束后，在第一、第二、第三天内可诱发发情。对于舍饲的牛，口服激素也是可行的。

2. 猪的诱导发情

对哺乳母猪通过提早断奶即可达到诱导发情目的，也可采取在产后6周注射孕马血清促性腺激素750~1 000国际单位；对一般乏情母猪，可注射孕马血清促性腺激素后3~4天，再注射人绒毛膜促性腺激素500~1 000国际单位。

断奶后乏情的母猪，也可用公猪进行异性刺激或者用公猪尿液给乏情母猪嗅闻若干次，均能引起多数母猪发情，此法称为"公猪效应"。

3. 羊的诱导发情

羊用孕激素制剂（阴道栓、埋植或肌内注射孕酮每天10~12毫克）处理14天，在停药的当天肌内注射孕马血清促性腺激素500~1 000国际单位，一般经30小时左右即开始发情。

阴道海绵栓方法是浸以适量的药物，如甲孕酮（50~70毫克）、孕酮（500~1 000毫克）、18－甲基炔诺酮（10~15毫克）均具有促进母羊发情排卵的效果。

在母羊发情季节到来之前数周，将公羊放入母羊群中（公羊效应），将刺激母羊乏情期很快结束。利用"公羊效应"可以使绵羊、山羊品种的季节性发情提早6周。

绵羊的诱发发情还可通过创造人工气候环境来实现。在温带条件下，绵羊的发情季节是在日照时间开始缩短的季节。春、夏季是母羊非发情季节，在此期间，利用人工控制光照和温度，仿效秋季的光照时间和温度，可以引起母羊发情。对于哺乳母羊，提前断奶并结合激素处理的诱发发情可以得到较好的效果。也可用"公羊效应"来诱发母羊发情。

第三节　家畜的人工授精技术

一、人工授精的概念

人工授精，就是以人工的方法采集雄性动物的精液，再利用器械把经过检查和处理的精液输送到发情雌性动物生殖道的适当部位，从而使其受孕，以代替雌雄动物自然交配的一种科学配种方法。人工授精技术的基本程序包括精液的采集，精液品质的检查，精液的稀释、分装、保存、运输，冻精的解冻与检查，输精等环节。

二、人工授精技术在畜牧生产中的意义

人工授精是家畜繁殖技术革新的一项重大突破，这种科学的繁殖技术已在动物生产中充分显示出优越性和应用前景。

1. 充分发挥优良种公畜的种用价值和配种效能

人工授精不仅有效地改变了家畜的交配过程，更重要的是选择了最优良的公畜实行人工授精配种，它超过自然交配能够配种的母畜头数的许多倍。例如，在现代技术条件下，一头优良公牛的冷冻精液每年可配母牛达万头以上，既可使优秀种公畜的利用年限不受寿命的限制，又可促成国际间家畜精液的贸易，以代替种公畜的直接引进和出口。

2. 加速家畜繁殖改良，促进育种工作进程

由于人工授精选用的精液来自优良种公畜，随配种母畜头数的增多，而扩大了优良遗传基因的影响。此外，采用人工授精还有利于保证配种计划的实施和提供完整的配种记录，从而加速育种工作的进程。

3. 减少疾病的发生和传播

人工授精，公、母畜不直接接触，所以可防止传播疾病，特别是生殖道传染病的传播。

4. 降低饲养管理费用

由于每头种公畜可配的母畜数增多，相应减少了公畜饲养的头数，降低了饲养管理费用。

5. 有利于提高母畜的受胎率

人工授精不仅可以克服公、母畜因体格大小相差悬殊，或母畜生殖道异常而不易受胎的困难，又便于发现繁殖障碍疾病，而且在杂交改良工作中，还可解决因公、母畜所属品种不同而造成不愿交配的问题。更重要的是，人工授精使用经严格处理的优质精液，每次输精的时间经过科学的判断，输精部位准确，因此，有利于

提高母畜的受胎率。

6. 可扩展优良种畜配种地区和范围

经稀释保存的精液尤其是冷冻保存精液，便于运输和检疫，可使母畜的配种不受地域限制。同时，也有效地解决了因公畜不足地区或因疫病封锁而使公畜不能往来地方的母畜配种问题。

7. 繁殖新技术

人工授精技术是胚胎移植、同期发情等其他繁殖新技术的一项配套措施，可按计划进行集中或定时输精，同时，为远缘杂交提供了行之有效的技术手段。

但是，人工授精只有在严格消毒和遵守操作规程以及对种公畜进行全面鉴定的情况下，才能充分发挥其巨大的优越性，以促进畜牧业发展和生产力的提高。相反，如果不严格遵守操作规程，卫生要求不严，则会造成受胎率、窝产子数的下降，甚至发生生殖道疾病传播；如果使用遗传上有缺陷的公畜，则会造成更严重的后果。

三、人工授精的发展

（一）科学试验

1780 年，意大利生理学家 L. Spallanzani 首次成功用犬进行了人工授精试验，后又有许多科学家进行了长期的试验，并且制作了不同畜种的假阴道。

（二）实用推广

20 世纪 30 年代，初步形成了一套比较完整的人工授精操作方法，20 世纪 40～60 年代的 20 多年间，人工授精技术进入到广泛应用的实用阶段。

（三）冷冻技术的研究成功

常温精液中的精子处在不断运动中，能量只能维持 20～40 小时，不利于广泛利用，后来人们发明了冷冻保存法以降低其能量消耗的速度，成熟的方法是干冰（-79℃）、液氮（-196℃）、液氦（-269℃）三种保存方法。为降低精液冷冻过程受到的损害，人们又研究了多种稀释液、解冻液、保护剂和添加剂，也研究了不同的解冻方法，使精液长期保存，远距离运输得以实现，使家畜改良快速发展成为可能。

（四）深入研究，广泛应用

目前人工授精技术已经在猪、马、牛、羊、鸡、犬及部分野生动物繁育中应用，牛精液冷冻技术已经广泛应用。

四、家畜人工授精操作规程

1. 采精

（1）采精方法

1）假阴道采精法　人工制作一个模拟阴道，诱导公畜在其中射精，这种获得精液的办法适合各种家畜。

假阴道呈筒状结构，有外壳、内胎、集精杯和附属件组成。内胎是薄而柔软的橡胶筒，是保障公畜舒适射精的关键部分。

假阴道采精应具备的条件

准备工作。使用前必须进行清洗、安装内胎、消毒、注水、涂抹润滑剂。

温度要求。假阴道的温度应和母畜的体温相近，内胎温度保持在38～40℃，集精杯的温度保持在35℃左右。一般用热水调节内胎的温度。

压力要求。公畜阴茎射精需要一定的压力，压力小对公畜的刺激不够，压力大阴茎不易插入内胎。内胎压力的调节方法是注水或吹入空气。

润滑要求。内胎润滑不够，公畜阴茎插入困难，对阴茎损伤大；润滑油涂抹过多，会影响精液品质。

接触精液的所有用具均要严格消毒。

采精台的准备

采精台有活畜和假台。

以活畜为"采精台"时，要选择体质健壮、性情温驯、发情旺盛、大小适中的经产母畜。牛、马、猪等大家畜要用麻绳保定好，兔有助手保定即可。采精前要清洗干净尾根、外阴、肛门。

假台用木质材料做成，外包畜皮，架子下留出放置假阴道的位置。

公畜的调教

方法一：在假台放置假阴道的地方涂抹发情母畜的阴道黏液或尿液，引诱公畜爬跨，经过几次，公畜愿意爬跨假台，调教即成功。

方法二：在假台旁牵放一发情母畜，引诱公畜爬跨母畜后，立即把公畜牵下，不让公畜射精，反复多次爬上再拉下，待公畜性欲接近高峰时，把母畜牵走，让公畜爬跨假台。

方法三：将公畜栓在假台旁，让其目睹另外一头调教好的公畜爬跨假台，进行诱导。

公牛、公羊假阴道采精法

采精员站在假台畜的右侧，右手持假阴道，公牛爬跨假台牛时，迅速用左手将其阴茎导入假阴道内，公牛向前一冲就会射精，阴茎抽出后，使假阴道中的集精杯底向下，移走即可。

公猪假阴道采精法

采精员蹲在公猪的右侧，右手持假阴道，当公猪前肢爬上台猪背上后，把假阴道口对准公猪的包皮口，使阴茎伸出能自然插入假阴道，然后，采精员有节律地挤压双链球，使假阴道内腔一张一缩，刺激公猪阴茎，当公猪趴在台猪背上不再抖动，肛门部位有节律地收缩，表明已经射精。此时，将假阴道中的胶皮漏斗向下拉直，使精液流入集精杯。

公兔假阴道采精法

把公兔放在台兔旁，将台兔的尾巴举起，右手将假阴道放在台兔腹下两后腿之间，当公兔爬跨台兔时，一旦阴茎导入假阴道内，即耸身射精。公兔射精后有摔倒的动作，常伴有尖叫声。

2）拳握采精法 此法只适用于公猪。

采精员蹲在台猪的右侧，当公猪爬跨台猪伸出阴茎时，左手掌心向下，立即握住公猪阴茎使龟头露出掌心 1 厘米并用拇指有节律地触动阴茎，使公猪产生快感，然后将阴茎拉出包皮外，不要握太紧，也不要滑脱。公猪射精时，先不要取有胶状物的部分，用手指排去胶状物后，立即用集精杯接取含精子较多的第二部分精液。

（2）采精频率 公畜采精不能过度，一是保障公畜健康，二是确保精液质量。

公猪采精频率：成年公猪每 2 天 1 次，青年公猪每 3 天 1 次。

公牛采精频率：成年公牛饲养条件好的，每天采精 1 次；饲养条件差的，3 天采精 1 次。青年公牛，18 月龄后，每周 1 次。

公羊采精频率：公羊的性机能较强，可每天采精 2 次，甚至 3 次。

公兔采精频率：每周采精 2~3 次。

2. 精液品质检查

公畜的精液由精子、精清和水组成，精子数量很多，但在精液中的比例很小。精液中干物质只有 2%~10%，其余为水分。

牛和羊的精液量少，猪和马的精液量较大。

精液一般呈不透明的灰白色或乳白色。

精液有腥味，牛、羊刚采集的精液一般呈弱酸性，猪、马刚采集的精液一般呈弱碱性。

（1）外观检查

1）射精量检查　公畜一次射精所射出的精液容积为其射精量。

牛的射精量为 5～10 毫升。

猪的射精量为 150～300 毫升。

羊的射精量为 0.8～1.2 毫升。

兔的射精量为 0.5～2.0 毫升。

2）精液颜色　正常的精液为浓厚的乳白色，肉眼可看到乳白色云雾状。

3）精液气味　正常精液无味或略带腥味。

经外观检查，凡带有腐败臭味，出现红色、褐色、绿色的精液判为劣质精液，应弃掉不用，一般情况下不再做显微镜检查。

（2）显微镜检查

1）精子活力　精子的活力是指在 38℃的室温下直线前进的精子占总精子数的百分率。评定精子活力可分为 10 级。检查时以灭菌玻璃棒蘸取 1 滴精液，放在载玻片上加盖玻片，在 400～600 倍显微镜下观察。全部精子都做直线运动评为 1 级，90%的精子做直线前进运动为 0.9 级，以下以此类推。

2）精子密度　指每毫升精液中所含的精子数。取 1 滴新鲜精液在显微镜下观察，根据视野内精子多少分为密、中、稀三级。"密"是指在视野中精子的数量多，精子之间几乎无空隙，精子之间的距离小于 1 个精子的长度；"中"是指精子之间可以看见空隙，精子间的距离大约等于 1 个精子的长度；"稀"为在精子之间可以看见很大的空隙，精子间的距离大于 1 个精子的长度；如精液内没有精子，则用"无"字来表示。为了精确计算精子的密度，可用血球计数器在显微镜下进行测定和计算。

羊的精子密度最大，每毫升精液中含精子 25 亿以上者为密，20 亿～25 亿个为中，20 亿以下为稀。

牛的精子密度为每毫升精液中含精子 10 亿～15 亿个。

猪的精子密度为每毫升精液中含精子 10 亿～20 亿个。

兔的精子密度为每毫升精液中含精子 15 亿～20 亿个。

3）精子质量的评定标准　精液为乳白色，无味或略带腥味，精子活力在 0.7～0.8 以上，密度在中等以上（每毫升精液的精子数在 20 亿个以上），畸性精子率不超过 20%，这种精液为优质精液，可用于输精。以上几项质量标准任何一项达不到要求，均被定为劣质精液。

4）精液检查时应注意的问题　做显微镜检查时，温检箱内温度控制在 38℃左右。精液品质检查要求迅速准确，室内要清洁，室温保持在 18～25℃。

3. 精液的稀释

（1）稀释的目的　精液在保存和运输之前，都要进行稀释。它可以增加精液的数量，从而扩大配种头数；更重要的是供给精子养分以及中和副性腺分泌物对精子的有害影响；缓冲精液的酸碱度，给体外精子创造适宜的环境，从而增强其生命力和延长存活时间，便于长期保存和远途运输，以最大限度地提高优良公畜的利用率。

（2）稀释液的基本要求　良好的稀释液，必须具备以下条件：

1）能供给精子所需营养，延长其生存时间。

2）与原精液有相同的渗透压，对精子外膜没有改变与破坏作用。

3）与精液的酸碱度大致相同，并具有缓冲作用。

4）能够减少甚至消除副性腺分泌物对精子的有害影响。

5）成本低廉，制备简单，容易推广。

6）能抑制微生物的生长和繁殖。

（3）稀释液中几种主要成分的作用

1）稀释剂。主要扩大精液容量。稀释剂必须和精液有相似的渗透压。一般不会单独加入某些物质作为稀释剂，常用的主要有乳类、卵黄、生理盐水、葡萄糖等。

如利用生理盐水作稀释液，对受精率无不良影响，但精子的存活率要低于卵黄稀释液。生理盐水能刺激精子的呼吸作用，但只适用于有氧条件下作为稀释液，因其缺乏缓冲能力，结果使 pH 值下降。

2）营养剂。主要是提供营养。最简单的能量物质有葡萄糖、果糖、乳糖、鲜奶、卵黄等。

卵黄。在稀释液中加入卵黄，具有保护精子免受冷休克影响的作用。因卵黄中含有卵磷脂，具有抗冷休克的作用，同时卵黄还含有葡萄糖，能供给精子代谢所需的营养，并且有去氢酶反应的作用，因此，能保持精子在有氧条件下的活力。

牛奶。牛奶是一种良好的稀释液，既能单独用作稀释液，也可以同其他成分如卵黄、甘油等一起使用。使用牛奶为稀释液，既经济又实用。

未经加热处理的牛奶含有乳烃素（白蛋白），对精子产生有害影响。在 91～95℃水溶液中煮沸 1 小时的牛奶，能提高精子的存活率，但长时间地煮沸或直接加热煮沸 10 分的牛奶，就能降低精子的存活率。

用脱脂乳（或脱脂奶粉）比较容易，而且效果较好。用全乳，因镜检精子不易看清，故难以判断精子的活力。在牛奶中加入 5% 的卵黄能提高精子的活力和受精力。

糖类。在稀释液中常用的糖类如葡萄糖和蔗糖，用于马、驴液态精液的保存。在冷冻保存的稀释中，常用乳糖、果糖和棉子糖。5%葡萄糖溶液对牛、猪、羊的精液为等渗溶液，马（驴）的等渗葡萄糖溶液为7%。

果糖成分是精子维持生命的主要能量来源，因此在稀释液中加入果糖，有助于延长精子的保存时间。尤其在精液冷冻时，稀释液中的糖类（特别是乳糖）对精子具有一定的保护作用。

3）保护剂。主要保护精子免受不良因素的危害。

🖕　　缓冲物质。为保持适当的pH值，利于精子存活。常用缓冲剂有枸橼酸钠、酒石酸钠、磷酸二氢钠、乙二胺四乙酸二钠（EDTA）、三羟甲基氨基甲烷（Tris）等。

🖕　　非电解质和弱电解质（物质）。具有降低精清中电解质浓度的作用。因电解质电离度高，能激发精子并促使精子早衰，破坏膜，使精子失去电荷而凝集。所以应加各种糖类、弱电解质，如甘氨酸等（氨基乙酸）。

🖕　　防冷休克与抗冻物质。防止精子冷休克和增强精子抗冻力。常用的有甘油、二甲基亚砜等。在低温和冷冻条件下保存精液，使用甘油对精子有防冻保护作用。甘油容易扩散或渗入精子细胞膜内，而且被分解成果糖，为精子代谢所需。甘油能在细胞内取代一部分游离水排除部分电解质，防止和减轻冷冻对精子的影响。

稀释液中的甘油浓度应根据其他成分和平衡时间来决定。一般来说，牛的冷冻精液甘油浓度为7%左右，猪为2%，不宜过高。

🖕　　抗生素。有抗菌作用。由于精液和供稀释用的果糖、卵黄、牛奶等都是微生物良好的培养基，而且有些微生物还能在低温的环境中存活，所以目前在各种稀释液中都加有抗生素。最常用的是双氢链霉素和青霉素钠、钾，因为这两种抗生素对精子无毒害作用。每毫升精液，一般剂量以500~1 000毫克（单位）为宜。

4）其他添加剂。如酶类、激素类、维生素类等，有利于改善精子所处的环境，以提高受精机会。

（4）稀释液的配制与选择　凡需保存的精液，必须稀释，切忌原精保存，一般在采精后立即稀释。用于稀释精液的稀释液必须和精液是等渗的。生产中应根据不同用途、不同家畜选择稀释液。家畜种类不同，所用稀释液不同；精液的保存方式不同，稀释液也不同。当采精后经稀释处理马上输精时，可选一种或两种等渗液，如生理盐水、蔗糖；用于常温保存的稀释液，以糖类和弱酸盐为主体；用于低温保存的稀释液，必须加入卵黄；用于冷冻保存的稀释液则以卵黄、甘油为主体。

（5）稀释倍数的确定　精液的稀释倍数应依据精液的品质和生产实际需要及稀释液种类确定。精子密度大的精液（如牛、羊、兔）可做高倍稀释，而精子密度小的精液（马、猪）只能进行低倍稀释。一般牛的稀释5~40倍，猪、羊2~4

倍，马、驴2~3倍，兔3~4倍。

（6）稀释方法　稀释精液时要防止剧烈振荡、日光照射、药味、烟味和其他异物对精子的不良影响，必须强调"无菌"观点，力求做到无菌操作，周围环境的温度要尽量保持稳定，稀释液以及接触精液的器械的温度与精液温度相等或低1~2℃。

4. 精液的保存

（1）保存精液的原则　体外精子的寿命与保存方法有密切关系。因此，在保存精液时，应遵守以下原则：

1）降低温度抑制精子的活动，使其减少能量的消耗，防止乳酸积蓄，以延长精子在体外的存活时间。

2）防止精子因细菌毒素和溶菌素而中毒，引起精子死亡。因此，保存精液中应加入适量的抗生素。

3）保存精液时，避免日光照射，防止精液温度骤然变化，招致精子温度性休克。

4）保存精液必须供给精子大量养分（糖类），并缓冲其 pH 值。

（2）保存精液的方法　采用先进的技术保存精液，可以随时取用，实现异地配种，扩大配种数量，充分发挥优良种公畜的配种效能，体现人工授精的优越性。最早是用低温（0~5℃）保存家畜的精液，20世纪50年代初，又开始研究了深度冷冻和常温保存精液的方法。

目前精液保存的方法主要有三种，即常温保存、低温保存和冷冻保存。

1）常温（15~25℃）保存。也叫室温保存或变温保存。

☞　保存原理。主要利用稀释液的酸性环境来抑制精子的活动，减少其能量的消耗，一旦 pH 值恢复到7.0左右，精子还可以复苏。另外，在稀释液中加入弱酸性物质，创造酸性环境，同时利用抗生素抑制精液中微生物的生长。因此，加入适量的糖类，隔绝空气，对精液的保存都有良好的效果。

☞　保存方法。根据上述原理，为使稀释液得到所需环境，一般采用如下几种方法：向稀释液中充一定量的二氧化碳气体，如英国的伊里尼变温稀释液（IVT）。利用精子本身代谢产生的二氧化碳自行调节 pH 值，如康奈尔大学稀释液（CVE）。稀释液中加入酸物质或充以氮气，如醋酸稀释液。操作步骤如下：

第一步：计算稀释倍数。

第二步：依据保存时间长短及畜种选择稀释液。如牛精液用伊里尼稀释液时，在18~27℃下，可保存1周；用醋酸稀释液时，在18~24℃条件下，可保存2天。

第三步：按稀释倍数进行精液稀释。

第四步：稀释后，充入二氧化碳或氮气。贮精瓶加盖密封，置于干净环境下。

2）低温（0~5℃）保存。

👉　保存原理。精子在低温条件下，其代谢机能降低。因此，对营养物质的消耗比较缓慢，而且在低温下，可以抑制微生物的生长，所以精子在低温条件下，可以延长其存活时间。当温度回升，精子的代谢活动又逐渐恢复并且不丧失其受精能力，达到保存的目的。

👉　保存方法。精子对低温刺激是敏感的，从体温急剧降至10~0℃时，精子会出现冷休克现象，为此除在稀释液中添加卵黄、奶类等抗冷物质外，采用缓慢降温是很重要的措施。操作步骤如下：

第一步：采精后检查精液品质，并计算稀释倍数，然后用低温保存稀释液并进行稀释。

第二步：稀释后待精液温度降至室温，然后按一个输精剂量分装至贮精瓶中。绵羊输精量少而且多为群体输精，可按10~20个剂量分装。

第三步：各贮精瓶用盖子密封，然后用多层纱布包缠精液容器，并在外面用塑料袋裹住，以防止水的浸入。

第四步：包裹好后，置于0~5℃的冰箱中，经1~2小时，精液温度即可降至0~5℃。同时应维持冰箱温度恒定，防止升温。

3）冷冻保存。精液冷冻保存是家畜人工授精技术的一项重大革新。精液冷冻保存是最为理想和实用的，可达到长期保存、长途运输、随时取用的目的。

👉　保存原理。精子生命的维持主要靠自身的能源，对外源性能源很少利用。减少精子本身能源的消耗，抑制或中止其代谢过程，即可延长精子的寿命。精液经过冷冻处理之后，贮存在超低温（-196℃）条件下，精子的代谢活动完全受到抑制，使其在静止状态下保存起来，一旦升温又能复苏而不失去受精能力。

👉　保存方法。据试验，精子有害温区为-50~0℃，显著有害温区为-25~-15℃，安全保存温区为-250~-130℃，因此如若长期保存精液，其温度必须在-130℃以下。

在目前的保存方法中，只有部分精子解冻后可以复苏，而另一部分精子则在冷冻过程中死亡。精子复苏率通常只有50%~70%。为了减少精子在冷冻、保存过程中的死亡，可以采取以下措施：二是冷冻和解冻精液时必须快速地降温或快速地升温；二是将冷冻精液贮存在远远低于结晶温区的超低温条件下；三是向精液中添加防冻物质，以保护精子免受冻害。

精液冷冻保存操作步骤如下：

第一步：精液品质检查。采精后，立即进行精液品质检查，制作冷冻精液的精子活率应达到0.7以上。对于猪、马（驴）的精液必须进行过滤。

第二步：精液稀释。选择合适的稀释液，一般采用两次稀释法。第一次在常温下用不含甘油的第一液稀释，精液第一次稀释后，用12～16层纱布包裹，放入0～5℃的冰箱中经1～2小时缓慢降温。在0～5℃下进行第二次稀释，加入含甘油的第二液，以减少甘油对精子的有害作用。稀释后取样，在38～40℃条件下镜检，以精子活率不低于原精液为原则。

第三步：平衡。第二次稀释后再在5℃环境中平衡2～4小时。目的是使油与精子充分接触，渗入精细胞内产生抗冻保护作用。

第四步：精液的分装和冷冻。目前冷冻精液主要采取颗粒、细管分装方法。颗粒精液是把经平衡以后的精液在一定温度下冷冻成0.1～0.2毫升的颗粒；细管法多用0.25毫升或0.5毫升的塑料细管，在5℃条件下通过吸引装置，分装、平衡后冻结。冷冻方法主要是液氮熏蒸法。颗粒精液在装有液氮的广口保温瓶上放一铜纱网（或铝饭盒），并在距液面1～3厘米处预冷3～5分，然后把经过平衡的精液定量滴于其上，经3～5分，当精液颜色变白时进行收集，贮存在液氮中。细管冷冻方法同颗粒精液。

　　　　　冷冻精液的解冻。冷冻精液的解冻同样也影响精液的品质，必须掌握解冻方法。颗粒冻精的解冻有湿解法和干解法两种。湿解法是将1毫升解冻液装入灭菌的试管内，置于40℃温水中预热5分，然后投入1～2粒冻精，轻轻摇动至融化；干解法是将灭菌的试管置于40℃温水中预热，投入颗粒冻精轻轻摇动至融化后再加入1毫升解冻液稀释。解冻后镜检精子活率在0.3以上者方可输精。细管冻精的解冻：用长柄镊子从液氮罐中取出细管后，直接放入40℃温水中解冻（棉塞端朝下），全部融化后取出，擦干水，用细管剪剪开不带棉塞的气端，把有棉塞一端装在输精推杆上，套上外保护套备用。注意解冻温度以40℃效果较好。

5. 精液的运输

为了扩大良种公畜的利用，减少公畜饲养费用，杜绝传染病的传播等，精液的运输就成为十分必要的措施。运输精液要注意以下问题：

（1）运输途中防止精液的温度变化。一般用液氮罐保存和运输冷冻精液。

（2）运输时间尽量缩短。交通工具可根据路途选用，可用自行车、摩托车、汽车、飞机等。

（3）运输的精液应是经检查合格的。

6. 输精

输精是适时将一定剂量的精液输送到母畜禽生殖道内一定部位的操作技术。这一技术要严格遵守操作规程，并要保证精液品质，才能达到预期的目的。

（1）输精器械　家畜输精器械主要有输精管、开腔器、内窥镜、输精枪、反光镜或手电筒等。家畜种类不同采用的输精器械各异。输精器由玻璃、金属、橡胶和塑料制成。

（2）输精方法　各种家畜输精方法差异较大，现分述如下：

1）牛的输精。母牛输精有阴道开张法和直肠把握法两种，现在普遍采用直肠把握子宫颈法。直肠把握法操作方法如下：

☛　　输精时间。母牛排卵一般发生在发情结束后 12 小时左右，在排卵前6～24 小时输精则受胎率较高。

☛　　把输精母牛牵入输精架内保定好，并用清水洗净外阴部周围的污垢。

☛　　输精尽左手呈楔形伸入母牛直肠内，如有粪便掏出后再进行，寻找到子宫颈，并用手握住。

☛　　输精员右手持输精器（枪），斜向上插入母牛阴道口，然后把输精器（枪）向前水平插入阴道深处。

☛　　当输精器碰到子宫颈后，左手协助将输精器插入子宫颈口，将输精器前端深入子宫颈口内 3～4 厘米（2～3 个皱襞），将输精器（枪）稍微后拉即可输精。最后，缓慢拔出输精器（枪）。

2）羊的输精。母羊输精时多采用开膣器或内窥镜开张法。操作方法如下：

☛　　输精时间。母羊排卵是在发情终止时，可在发情开始后 12 小时进行第一次输精，隔 12 小时进行第二次输精，可以提高双羔率。

☛　　把发情母羊牵入输精架保定好，然后用清水洗净外阴部。

☛　　输精员左手持开膣器，插入母羊阴道内，转变开膣器角度，使开膣器手把和地面垂直，然后打开开膣器。借助光源寻找到子宫颈口。

☛　　右手将输精器插入母羊子宫颈 0.5～1.0 厘米处，注入精液即可。最后抽出输精器和开膣器。

> 羊输精操作。最好连输 2 次，相隔时间为 12 小时。

3）猪的输精。

☛　　输精时间。母猪排卵较多，排卵持续时间较长，一般发情开始后，第二天当母猪有呆立反射时输精，间隔 12～18 小时再输精一次可提高产子数。

☛　　先用消毒液洗净母猪的外阴部，并擦干。

☛　　将输精管头涂上润滑剂。

☛　　输精员右手持输精管，左手用拇指和食指将母猪阴唇分开，然后输精管尖端稍向上插入阴道，再水平向前旋转插入，直到深达 30～35 厘米。

 连接集精瓶，并抬高，精液即可自行注入子宫内。最后抽出输精器，按压猪背部，防止精液倒流。

4）兔的输精。

 输精时间。兔属于诱发排卵，用试情公兔刺激后 3～5 小时开始输精即可。

 将母兔倒提或仰卧保定，洗净消毒好外阴部。

 输精员将输精器沿背线插入两子宫颈外口的中间部位，一般 7～9 厘米深。徐徐注入精液即可。最后抽出输精器。

（3）输精量　输精需要有一定量的精液，而且依精子浓度和活率而定。

第四节　猪的人工授精技术实操

猪的人工授精技术包括采精、精液品质检查、精液的稀释与分装、精液的保存与运输、输精等技术环节。

一、采精

1. 采精前的准备

（1）采精场所　应选择在宽敞、平坦、清洁、安静的地方，以室内为宜。

（2）设立假台畜　供公猪爬跨进行采精。假台畜可用钢材或木材制作，高 60～70 厘米，宽 25～30 厘米，长 100～120 厘米，架背铺上适当厚度的麦草或棉花等有弹性的软物。外面包一张经过处理的猪皮或橡胶皮，以利清洗消毒。

（3）器具消毒　一切和精液接触的器皿和用具（如集精瓶、纱布等）必须严格清洗消毒好备用。

（4）配好稀释液　采精前将稀释液配好，置于 30℃恒温箱内备用。寒冷季节里集精瓶也要放入恒温箱中预热。

2. 公猪的调教

对于初次用假台畜采精的公猪必须进行调教，建议调教方法为：

方法一：在假台畜后躯涂抹发情母猪的阴道黏液或尿液，引起公猪性欲而诱导其爬跨假台畜，经几次采精后即可调教成功。

方法二：在假台畜旁牵一头发情母猪。引起公猪性欲和爬跨后，不让交配而把公猪拉下来反复数次，待公猪性冲动至高峰时，迅速牵走母猪，诱导公猪直接爬跨假台畜。

方法三：将待调教的公猪拴系在假台畜附近，让其目睹另一已调教的公猪爬跨假台畜，然后诱其爬跨。

3. 采精频率

公猪每次射精排出大量精液，使附睾中贮存的精液排空，而公猪体内精子的再生与成熟又需要一定时间。因此，采精最好隔日1次，也可以连续采精两天休息一天。青年公猪（1岁）和老年公猪（4岁以上）以每3天采精1次为宜。

4. 采精方法

徒手采精法是目前应用最广泛、效果最好的一种方法。具体操作方法是：采精员右手戴上消毒的乳胶手套，蹲在假台畜左后侧，待公猪爬跨后，用0.1%高锰酸钾溶液将公猪包皮及其周围皮肤洗净消毒，当公猪阴茎伸出时，即用右手手心向下握住公猪阴茎前端的螺旋部，不让阴茎来回抽动，并顺势小心地把阴茎全部拉出包皮外，掌握阴茎的松紧度以不让阴茎滑脱为准，手指有弹性而有节奏地调节压力，刺激性欲，并将拇指和食指稍微张开露出阴茎前端的尿道外口，以便精液顺利射出。这时左手持带有过滤纱布的保温的集精瓶收集精液。起初射出的精液多为精清，且常混有尿液和脏物，不宜收集，待射出乳白色精液时再收集。公猪第一次射精停止后再重复上述手法促使公猪第二、第三次射精，直至射完为止。待公猪射完精后，采精员顺势用手将阴茎送入包皮中，并把公猪慢慢地从假台畜上赶下来。采精的精液应迅速放入30℃的保温瓶或恒温水浴锅中，以防温度变化。

二、猪精液品质的检查

1. 检查射精量

公猪的射精量平均为250毫升，范围是150～500毫升，每次射出的精子总数200亿～800亿。射精量可从集精瓶的刻度上直接读出。

2. 检查精液颜色和气味

正常的公猪精液颜色是乳白色或灰白色，具有一种特殊的腥味。精液乳白色程度越浓，表明精子数量越多。颜色和气味异常的精液不宜使用。

3. 检查 pH 值

公猪精液正常的 pH 值在6.8～7.8，呈弱碱性。

4. 检查精子密度

猪的精子密度比较稀，平均每毫升1亿～2亿。用估测法在显微镜下观察，根据视野内精子分布情况评为密、中、稀三级。

5. 检查精子活力

用镜检视野中呈直线运动的精子数占精子总数的百分比来表示。检查方法是：取一滴精液在载玻片上，使充满精液且无气泡，然后放在显微镜下放大150～200倍，计算一个视野中呈直线运动的精子的数目，来评定等级。一般分为十级，100%的精子都是直线运动的为1.0级，90%为0.9级，80%为0.8级，以此类推。

活力在 0.5 级以下的精液不宜使用，检查时环境温度宜在 37～38℃，通常在保温木箱中进行，内装 15～25 瓦的灯泡。精子活力是精液检查的主要指标，应于采精后、稀释后、输精前分别做出检查。

6. 检查精子畸形率

正常精子形似蝌蚪，凡精子形态为卷尾、双尾、折尾、无尾、大头、小头、长头、双头、大颈、长颈等均为畸形精子。

畸形精子的检查方法是：取原精液一滴，均匀涂在载玻片上，干燥 1～2 分，用 95% 的酒精固定 2 分，用蒸馏水冲洗，再干燥片刻后，用美蓝或红蓝墨水染色 3 分，再用蒸馏水冲洗，干燥后即可镜检。镜检时，通常计算 500 个精子中的畸形精子数，求其百分率，一般猪的畸形精子率不能超过 18%。

三、精液的稀释、标记与分装

1. 稀释液的配制

精液稀释液应当天用当天配，隔天不得再用。

配方一：鲜奶或奶粉稀释液

将新鲜牛奶通过 3～4 层纱布，过滤两次，装在三角瓶或烧杯内，放在水锅里，煮沸消毒 10～15 分取出，冷却后，除去浮在上面的乳皮，重复 2～3 次即可使用。奶粉稀释液配制方法同上，按 1 克奶粉加水 10 毫升的比例配制。

配方二：糖—柠—卵稀释液

取食用蔗糖 5 克，柠檬酸钠 0.3 克，加蒸馏水到 100 毫升，煮沸消毒，冷却；取上述溶液 97 毫升，加入新鲜鸡蛋黄 3 毫升，充分混合后待用。

配方三：葡萄糖稀释液

取无水葡萄糖 5 克，柠檬酸钠 0.3 克，乙二胺四乙酸二钠 0.1 克，加蒸馏水到 100 毫升。

上述各种稀释液，在稀释时按每毫升加入青霉素 200 国际单位和链霉素 200 微克。

配方四：Modena（摩得娜）溶液

取葡萄糖（右旋糖）27.5 克，柠檬酸钠 6.9 克，碳酸氢钠 1 克，乙二胺四乙酸钠 2.35 克，柠檬酸钠 2.9 克，二羟甲（基）氨基甲烷 5.65 克，硫酸多黏霉素（B）0.016 9 克，硫酸庆大霉素 0.15 克，用蒸馏水配到 1 000 毫升。

2. 稀释方法

稀释倍数主要根据精液的精子密度而定，一般为 2～3 倍，通过稀释后，每毫升应含的精子数不低于 0.4 亿。稀释精液时，应测量原精液的温度，调整稀释液的温度，两者温度差不超过 2℃，然后慢慢将稀释液沿瓶壁倒入精液，轻轻地搅拌混匀。

3. 精液的标记

不同品种猪的精液加不同颜色的无毒色素，以标记品种，建议杜洛克加红色，大约克加绿色，长白加黄色，地方品种无色。

4. 稀释后精液的分装

稀释的精液需检查精子活力，若证明稀释的过程没有问题，可以进行分装。用消毒过的漏斗把稀释后的精液分装入贮精瓶内，每瓶装 20 或 25 毫升，装完后用瓶塞加盖，贴上标签，标明公猪号、采精时间、精液数量等，再用白蜡加封瓶口，分发使用或进行贮藏。

四、精液的保存与运输

精液的保存方法常用的有常温和低温保存两种。常温保存指在 15～20℃ 室温下保存精液，一般可保存 2～3 天。方法是：将分装包好的贮精瓶装在塑料袋里，浸在冷水中每天换水一次；或放入广口保温瓶中，用胶皮管通入不断循环的自来水，获得较好的常温恒温效果；或恒温箱中保存。

低温保存指在有冰箱或冰源条件下在 0～5℃ 下保存精液。方法是：把分装好的贮精瓶用纱布包裹好，放入冰箱底层，经 5～10 分移入冰箱中层保存。在没有冰箱设备的地方可用广口瓶（冰壶）装入冰块作冷源，将包裹好的贮精瓶放入广口保温瓶，定期倾去瓶内溶化的冰水，添加冰块，保持恒温。在冰源缺乏的条件下，可用食盐 10 克溶解于 1 500 毫升冷水中，加入氯化铵 400 克，配好后装入保温瓶中，温度可降到 2℃ 左右，造成低温条件保存精液。

精液运输是地区之间交换精液，扩大良种公猪利用率，加速猪种改良，保证人工授精顺利进行的必要环节。精液运输与精液保存条件一致，切忌温度发生剧烈变化并防止运输过程中振荡造成精子死亡。可用广口瓶或疫苗贮运箱（盒）运输精液，运输时间尽可能缩短。

五、猪的发情鉴定

母猪发情时，外阴部变化和行为变化表现明显，因此，母猪的发情鉴定主要采用外部观察法，同时结合试情进行。

中国地方品种母猪发情时，精神兴奋不安、食欲下降、鸣叫、闹圈。国外品种兴奋状态不及本地母猪明显，但发情开始后阴户肿胀，黏膜由粉红色逐渐呈鲜红色，阴蒂肿胀等变化是一致的。到发情盛期过后，阴户、阴蒂肿胀度下降，黏膜颜色由鲜红向紫红或暗红过渡。发情结束后，肿胀度完全消退，黏膜颜色恢复至苍白。母猪发情开始后一定时期，表现出明显的求偶行为。用试情公猪试情，母猪亲近公猪，安静接受公猪爬跨；若将发情母猪与非发情母猪合圈，发情母猪有爬跨非发情母猪的行为，并安静接受非发情母猪爬跨；也可人为按压有发情征状的母猪，到发情盛期时，母猪静立不动，尾翘向一侧，两后肢撑开做交配态，称"静立反射"。发情母猪对公猪的叫声、气味、形象均十分敏感。单纯人按压背腰鉴定发情的准确率仅48%，用公猪试情则100%出现静立反射。无公猪但喷洒公猪外激素（人工合成），再加公猪叫声的刺激，鉴定准确率可达90%以上。

目前，在大型种猪场也有根据母猪发情时活动量的变化，采用微处理器控制的红外监测系统用于母猪发情期的识别，大大有助于快速准确地确认发情母猪。

六、输精

1. 输精器具
猪用输精管、纱布。

2. 输入精液的质量
输精前，应对保存后的稀释精液进行品质检查，精子活力不低于0.5级的精液方可用来输精。输精时精液温度要求为35℃，保存的精液需逐步缓慢升温。

3. 输精操作
先用自来水清洗母猪阴部，最好用高锰酸钾溶液消毒一下。将输精管涂以少许稀释液或精液使之润滑，将输精管先稍斜向上方，然后水平方向插入猪阴户，边旋转边插入，待遇到阻力后，稍停顿，轻轻刺激子宫颈口10～20秒，可感觉到子宫颈口已开张，输精管可继续向内深入，直至插入子宫颈内不能前进为止，然后向外拉动一点。

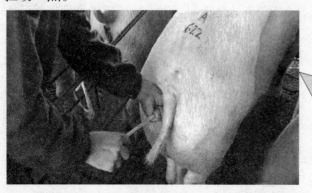

输精员右手持注射器，缓慢将精液注入子宫内。输完后缓慢抽出输精管，并用手掌按压母猪腰荐结合部，防止精液倒流。

输精后，可使母猪缓慢行走，防止排尿，赶回圈舍休息1小时后可喂食，应立即填写配种卡片，做好配种记录。一般母猪一个情期应输精两次，输精量为每次80~100毫升，每次输入精子数不少于8亿，两次间隔8~12小时。

第五节　羊的人工授精技术实操

推广羊的人工授精技术，能迅速扩大优秀种公羊的利用效率，减少种羊饲养量，控制疾病传播，提高养羊业的经济效益。

一、采精

1. 采精公羊的要求

- 必须是从验收合格后的种羊场引进的一级以上种公羊。
- 公羊第一次采精年龄应在1.5岁左右。
- 要让公羊充分运动，不宜过肥，也不宜过瘦。
- 采精前公羊不宜过饱，饲喂或放牧后半小时后方可采精。
- 发病公羊痊愈后，2周内不得采精。

2. 公羊调教的方法

- 将公羊放入母羊群中，或混入发情母羊中，让其本交几次后再牵出。
- 让其"观摩"其他公羊配种。
- 用发情母羊的尿或分泌物涂抹在公羊鼻尖上，刺激性欲。
- 按摩睾丸，每日早、晚各1次，每次10~15分。
- 调整日粮、改善管理、加强运动。

3. 采精前的准备

（1）采精场所　公羊采精最好在室内进行，也可选择宽敞、平坦、清洁、安静的室外场地，消毒后做采精场所。

（2）器械消毒　凡采精、处理、贮存、运输、输精过程中与精液接触的一切器械都要提前清洗、干燥、消毒后存放于清洁的柜内备用。

（3）假阴道的安装　把内胎放入外壳内并反转固定，然后用75%酒精棉球均匀地擦拭消毒，再用稀释液或生理盐水冲洗2~3次，在内胎的1/2部分涂抹消毒过的凡士林和石蜡油的混合物，根据环境温度灌入40~42℃（夏天）、50~55℃（冬天）的温水160毫升左右（约占内外胎空间的2/3），装上集精杯，夹层中充入空气至口部呈三角形，内胎温度保持在39~40℃。

（4）配制好稀释液　置于30℃左右的环境中备用。

（5）选好台羊　选健康、发情的母羊或调教过的公羊作为台羊，用2%来苏儿或 0.1% 高锰酸钾溶液对其尾根部消毒后，再用温水洗净擦干。也可用假台畜作台羊。

（6）清洗公羊　将公羊腹下的污染物擦拭干净。

（7）准备记录　准备好公羊采精记录表。

4. 采精

（1）采精方法　采精人员蹲在台羊右侧后方，右手横握假阴道，活塞向下，食指扣住集精杯底，使假阴道和地面成 35°~40° 的角，当公羊爬跨并伸出阴茎时，采精人员立即将假阴道放在台羊臀部，并用左手轻轻托住阴茎包皮，导入假阴道内，射精后集精杯一端向下，放出气体，取下集精杯，盖上盖，并记录公羊号，送精液处理室检查。

（2）采精频率　成年种公羊每日采精 1~2 次，连采 3 天休息 1 天。初采羊可酌减。

（3）采精注意事项

严格遵守消毒技术要求，所有采精物品未经消毒不得应用。采精训练是一项细致的工作，必须由采精熟练人员负责进行。精液收集后应避免太阳光直射，避免烟、化妆品等异味的刺激。所用采精器的环境条件必须严格把握，温度要控制在 40~42℃。

二、精液检查

1. 检查射精量

准确量取并登记射精量。

2. 检查精液颜色

公羊正常精液为乳白色或淡黄色，肉眼可看到云雾状运动。凡有异样颜色的为不合格。

3. 检查精液气味

公羊正常精液无味或略有腥味，凡有腥臭味者为不合格。

4. 检查精子密度

合格精液精子密度应在中等以上，每毫升内的精子数在20亿个以上，即在显微镜下精子之间有相当于1个精子以内的空隙。有条件的最好计数。

5. 检查精子活力

在38℃的显微镜温度下，用200～400倍显微镜进行镜检，合格精液应有60%以上的精子呈直线运动，即鲜精活力应达到0.6以上。

6. 检查精子畸形率

除以上项目每次采精必检外，还应定期检查精子畸形率、顶体完整率、密度及卫生指标等。

7. 全面检查

对久未使用或初采羊的精液应全面检查。

三、精液的稀释

1. 稀释液配制的基本要求

具有与精液相等的渗透压，能起到 pH 值缓冲溶液的作用，能为精子提供营养，易配制且成本低。推荐使用的稀释液配方：

（1）非冷冻精液稀释液的制备

配方一：牛奶或羊奶稀释液

新鲜牛奶或羊奶用数层纱布过滤，煮沸10～15分，冷却至室温，除去奶皮。

配方二：葡萄糖—卵黄稀释液

将3克的葡萄糖和1.4克的柠檬酸钠溶于100毫升蒸馏水，过滤3～4次，蒸煮30分后，降至室温，再加新鲜蛋黄（不要混入蛋白）20毫升，再加青霉素10万国际单位，振荡溶解。

（2）冷冻精液稀释液的制备

> **稀释液配方**
>
> 乳糖 12.4 克、果糖 3.1 克、卵黄 25 毫升、甘油 10 毫升、蒸馏水 100 毫升、青霉素 5 万 ~ 10 万国际单位、链霉素 5 万 ~ 10 万国际单位。

2. 精液稀释方法

（1）稀释液与精液温度　应保持一致，在 20 ~ 25℃室温和无菌条件下操作。

（2）稀释液移取　应沿着集精瓶壁缓缓注入，用细玻璃棒向一个方向轻轻搅匀。

（3）精液稀释的倍数　应根据精子的密度而定，一般为 1 ~ 3 倍，稀释后的精液每毫升有效精子数不能低于 5 亿个。

四、精液保存和运输

1. 贮存温度

稀释后的精液应在 0 ~ 4℃的温度条件下贮存，如用冰块作为制冷源保存精液，需把冰块与贮精器用棉花或其他隔热材料隔开，禁止两者直接接触。

2. 贮存时间

鲜精贮存时间一般应不超过 24 小时，最多应不超过 48 小时。

3. 运输

鲜精运输过程中应尽量避免其温度发生剧烈变化，防止精液剧烈振动，避免阳光直射。

五、羊的发情鉴定

母羊的发情期短，外部表现不太明显，特别是绵羊，又无法进行直肠检查，因此，母羊的发情鉴定以试情为主，结合外部观察。

试情法多数采用带试情布或结扎输精管的公羊进行群体试情，一般将试情公羊按一定比例（1:40），每日 1 次或早晚各 1 次定时放入母羊群中进行试情。母羊发情时，往往被试情公羊尾随追逐，有时也主动靠近公羊。只有当接受爬跨不动的母羊，视为发情母羊，可将其隔离出来并打上标记，以备配种。试情公羊的腹部也可以采用标记装备或胸部涂有颜料，这样，如母羊发情时，公羊爬跨其上，便将颜料印在母羊臀部，以便识别。

发情母羊的行为表现不明显，很少有爬跨其他母羊的行为。母羊发情时，其外阴部也发生肿胀，但不十分明显，只有少量黏液分泌，有的甚至见不到黏液而稍有湿润。此外，在母羊的发情鉴定中也可采取阴道检查，用开膣器打开阴道，可见少量黏液、子宫颈潮红、湿润但不开口，后期子宫颈口呈粉红色，颈口开张。如果用开膛器扩张阴道有干涩感觉，说明不宜配种。

近年来，也有根据发情期间阴道各种细胞成分的变化，通常以角化上皮细胞和白细胞的数目为指标，采用阴道涂片法对绵羊进行发情鉴定，但在生产上推广有一定的难度。适时配种是提高羊人工授精准胎率的关键措施之一。

母羊发情的主要表现

①食欲减退、兴奋不安、嘶鸣、爬跨其他羊或接受其他羊爬跨而静立不动。

②阴门红肿、频频排尿并流出透明的黏液。

③用试情公羊与母羊接触（隔着试情架），母羊表现温驯，并将后躯转向公羊，阴门不停地开闭。

④用阴道开膛器插入阴道，使之开张，发情盛期的母羊阴道潮红、润滑、子宫颈口开张、分泌的黏液呈豆花样。

六、输精

1. 输精次数

母羊一个情期应输精2次，发现发情时输精1次，间隔8~10小时应进行第二次输精。

2. 输精前检查

应对精液进行检查，精子活力不能低于0.35；一次输精量鲜精0.1~0.2毫升，冻精0.3~0.4毫升，有效精子数不低于5 000万个；初产羊有效精子数加倍。

3. 温度控制

使用贮存过的精液，输精前应逐步提高精液温度，使其恢复至38~40℃后再使用；使用冻精应提前解冻，解冻液建议使用2.9%柠檬酸钠溶液。

4. 固定母羊

输精时首先使用横杠式输精架（一根圆木，距地面高度约50厘米），提前把母羊固定好，条件不具备的也可由专人固定母羊。

5. 母羊外阴部清洗消毒

用来苏儿或高锰酸钾溶液消毒、水洗、擦干，再将开膛器插入，找到子宫颈口。

6. 输精方法

（1）开膛器法 此法适用于体格比较大的山羊。将待配母羊固定在配种架上，洗净并擦干母羊的外阴部，将用生理盐水湿润后的开膛器插入阴道深部触及子宫颈后，稍向后拉，以使子宫颈处于正常位置之后轻轻转动开膣器90°，打开开膣器，开张度在不影响观察子宫的情况下开张得愈小愈好（2厘米），否则易引起母羊努责，不仅不易找到子宫颈，而且不利于深部输精。输精枪应慢慢插入到子宫颈内0.5~1.0厘米处，插入到位后应缩小开膣器开张度，并向外拉出1/3，用拇指压输精器的管塞，将精液缓缓注入。输精完毕后，让羊保持原姿势片刻，放开母羊，原地站立5~10分，再将羊赶走。

（2）输精管阴道插入法　鉴于本地山羊由于阴道狭小，使用开膣器插入阴道内困难，可模拟自然交配的方法，把精液用输精管输到阴道的底部。具体方法是把山羊两后腿提起倒立，用两腿夹住羊的前驱进行保定。输精员用手拨开母羊阴户，输精管沿母羊背部插入到阴道底部输精。

每输完一只羊，要对输精器、开膣器及时清洗消毒后才能重复使用，有条件的建议使用一次性器具。

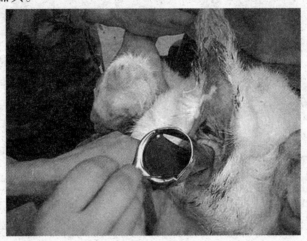

7. 输精记录
做好母羊配种记录。

第六节　牛的人工授精技术实操

一、牛的发情鉴定

准确的发情鉴定是成功进行人工授精、超数排卵及胚胎移植的关键。牛的发情期较短，但发情时外部表现比较明显，因此，母牛的发情鉴定主要靠外部观察、试情法结合直肠检查。操作熟练的技术人员，可利用直肠检查触摸卵巢变化及卵泡发育程度以判断发情阶段和配种适期，有利于提高受胎率。

1. 外部观察法
根据母牛爬跨或接受爬跨的情况，外阴部的肿胀程度及流出的黏液状况等来发现发情母牛是较常用的一种方法。一般早、晚各观察一次。

发情初期，母牛试图爬跨其他牛，但不接受其他牛的爬跨；兴奋、不安、食欲减退、对环境敏感、大声鸣叫，外阴部充血肿胀，有透明黏液排出。

发情盛期，试图爬跨其他牛，被爬跨时站立不动做交配态。发情母牛仍表现不安，食欲减退、反刍减少或停止，产乳量下降；阴户肿胀、充血、皱襞展开、潮红、湿润，阴道、子宫颈黏膜充血，子宫颈口开张，从阴门流出大量透明黏液，牵缕性强。

发情后期，母牛兴奋性明显减弱，稍有食欲，黏液量少，黏液牵缕性差，呈乳白色而浓稠，流出的黏液常黏在阴唇下部或臀部周围。处女母牛从阴门流出的黏液常混有少量血液，呈淡红色。试情公牛基本不再尾随和爬跨母牛，对其他母牛也避而远之。

水牛的发情表现没有黄牛、奶牛明显，但发情开始后，也有兴奋不安表现，常站在一边抬头观望，注意外界的动静，吃草减少，偶尔鸣叫或离群，常有公牛跟随。外阴部微充血肿胀，黏膜稍红，子宫颈口微开。黏液稀薄透明，不接受爬跨。发情盛期时，外阴户充血肿胀明显，子宫颈口开张，排出大量透明、牵缕性强的黏液，安静接受公牛或其他母牛爬跨。发情末期征状逐渐减退至消失。水牛出现安静发情者多。

2. 直肠检查卵泡发育规律

母牛的卵泡体积不大，变化不及马的规律和明显，一般不用直肠检查鉴定排卵时间。但有些母牛常出现安静发情或发情持续期延长，或排卵延迟。对于这些母牛，为了确定配种适期，除了进行试情及外部观察外，有必要进行直肠检查。

（1）母牛直肠检查的操作方法　用湿润或涂有肥皂的手臂伸进直肠内后，手指并拢，手心向下，轻轻下压并左右抚摸，在骨盆底上方摸到坚硬的子宫颈，然后沿子宫颈向前移动，便可摸到子宫体、子宫角间沟和子宫角。再向前伸至角间沟分叉处，将手移动到一侧子宫角处，手指向前并向下，在子宫角弯曲处即可摸到卵巢。此时可用指肚细致轻稳地触摸卵巢卵泡发育情况，如卵巢大小、形状，卵泡波动及紧张程度、弹性和泡壁厚薄，卵泡是否破裂，有无黄体等。触摸完一侧后，按同样的手法移至另一侧卵巢上，触摸其各种性状。

（2）母牛卵泡发育规律　母牛在发情期，卵巢上有发育的卵泡，卵泡由小变大，由硬变软，由无弹性到有弹性。按卵泡发育的大小和性状，可划分如下四个时期：

1）卵泡出现期　有卵泡开始发育，一侧卵巢稍有增大，卵泡直径为 0.5 ~ 0.75 厘米，波动不明显，指压之似觉有一软化点。从发情开始算起，此期约 10 小时。

2）卵泡发育期　卵泡发育到 1.0 ~ 1.5 厘米，呈小球状，突出于卵巢表面，卵泡壁较厚，有波动感，这一期为 10 ~ 12 小时。在此期后半期发情表现已减弱，甚至消失。卵巢机能衰弱的母牛，此期的时间较长。

3）卵泡成熟期　卵泡发育不再增大，卵泡壁变薄，有一触即破之感，波动明显。

4）排卵期　卵泡破裂排卵，由于卵泡液流失，卵泡壁变松软成凹形。排卵后 6 ~ 8 小时，在卵泡破裂的小凹陷处黄体开始发育长大，凹陷的卵泡开始被填平，可摸到质地柔软的新黄体。

母牛的发情鉴定还可借助于孕酮测定、子宫颈—阴道黏液的黏性、结晶状、pH 值、电阻性和阴道黏膜细胞形态学等指标对发情母牛进行综合判断，确定输精适期。

二、输精

输精是人工授精最后完成的一个步骤，也是工作成败的关键。

1. 两种输精方法的比较

过去沿用开膛器法，不仅输精深度较浅（这是由于子宫颈的可移动性和内径中的曲折皱襞之故），而且每次输精前都须消毒开膛器，既麻烦又消毒不彻底，增加了传播生殖道疾病的可能性。因此，目前许多国家都采用直肠把握子宫颈深部输精法。此法据国内外对比实验，比开膛器法提高受胎率 10% 左右。上海市牛奶公司畜牧场采用直肠把握法的一次受胎率比开膛法提高 22.26%（液状精液）和 25.39%（冷冻精液），实践证明，不论液状精液还是冷冻精液，使用直肠把握法均能提高受胎率。

2. 直肠把握输精法

（1）优点

☞　牛的生殖器官正常与否，可以做到心中有数，如有疾病及时发现，及时治疗对一些子宫颈口过紧，开张不好，歪曲、阴道狭窄的采用此法可正常授精。

☞　便于掌握卵泡变化过程，做到适时授精，从而提高受胎率。

☞　可以进行早期妊娠诊断，防止假发情误配。

☞　精液用量小，医药开支少，器械简单，符合节药原则。

（2）器械

1）球式和注射器式输精器，也可以用玻璃管代替。

规格要求：长 45 厘米，外径 0.8 厘米，内径 0.2 厘米，两端直光滑；注射器 1 ~ 2 毫米；胶皮管长 5 厘米，内径 0.8 厘米.

2）消毒盒 1 个。

3）外阴部消毒桶 1 个。

（3）消毒

👉 输精管用稀释液冲洗后，外壁用酒精棉擦拭。

👉 玻璃管、注射器械、胶管冲洗干净后，用纱布包好，放入消毒盒内，蒸煮半小时即可。注射器内栓应涂少量凡士林，以防止输精时内栓脱落。

👉 输精前用细绳把尾巴吊起或专人拉住牛尾，用清洁温水把外阴部周围洗干净，也可用2%来苏儿溶液或0.1%高锰酸钾溶液消毒。

（4）输精操作　将精液缓慢地吸入管内，一只手插入直肠，抓住子宫颈固定起来，同时臂膀用力下压，使阴门张开，另一手持输精枪，助手掰开阴唇，自阴门先向上斜插，避开尿道口后，再向下方插入。这时两手再配合，使输精管对准子宫颈口，左手握住子宫颈向前推移，一直插入子宫颈深部。

3. 输精过程中应注意的问题

👉 必须严肃认真对待，切实将精液输到子宫颈内。目前生产中主要问题是由于输精技术掌握不好，并没有把精液真正输到指定的部位，因此严重影响受胎率的提高，尤其在推动冷冻精液输精过程中更是如此。

👉 个别牛努责、弓腰，应由保定人员用手压迫腰椎。术者握住子宫颈向前方推，使阴道弛缓，同时，停止努责后再插入。

👉 输精器达子宫颈口后，向前推进有困难时，可能是由于子宫颈黏膜皱襞阻挡，子宫颈开张不好、有炎症、子宫颈破伤结疤所造成。遇到这种情况，应弄清原因移动角度，并进行必要的耐心按摩，切忌用力硬插。

👉 进入直肠的手臂与输精管应保持平行，不然人体胸部容易碰上注射器内栓，造成精液中途流失。

👉 输精时如用球式输精器，不得在原处松开捏扁的橡皮球，而应退出阴道外才松开，否则引起精液回吸，影响输精量。

👉 排粪时用一手遮掩，不使粪便流落外阴部。

👉 如母牛过敏、骚动，可有节奏地抽动肠内的左手，或轻搔肠壁以分散母牛对阴部的注意力。

👉 插入要小心谨慎，不可用力过猛，以防穿破子宫颈或子宫壁，为防折断输精管需轻持输精管随牛移动，如已折断，需迅速取出断端。

👉 遇子宫下垂时，可用手握住子宫颈，慢慢向上提。

4. 开膣器输精法

先消毒外阴部，再将精液吸入输精器内，右手持开膣器，涂以少许润滑剂，稍向上插入阴道，并向下转动方向，换到左手，打开开膣器，通过手灯、反光镜或阴道探灯看到子宫颈外口，右手将输精器插入子宫颈1～2厘米处，然后拇指推输精器芯或挤胶囊。待精液注入后，稍微合拢开膣器，再向左转动方向，抬高后部而抽出，开膣器不得闭严，以防夹破阴道黏膜。

开膣器每用一次，须洗净擦干，并以酒精火焰消毒。

5. 输精的适宜时间

母牛排卵以后，使卵子立即遇到活力旺盛的精子，就可保证较高的受精率，这就要求确定排卵时间和输精适宜时间。

在生产中，排卵时间的确定，完全依靠频繁的直检是有困难的，必须从外阴部肿胀度、阴道黏膜的变化、黏液量品质的变化、子宫颈开张的程度、是否接受公牛的爬跨、直肠检查卵巢卵泡的变化等方面综合分析，才能找出最适宜的输精时间。有经验显示，在发情症状结束前 1~3 小时内输精，其受胎率最高可达 93.3%，同时可见输精的最适期只有三四小时，因此要使受胎率高，必须使卵子和精子的新鲜度高，也就是说排卵后不久就使精子到达输卵管。

以下几种情况之一，应予输精：一是母牛由神态不安转向安定，发情表现开始减弱。二是外阴部肿胀开始消失，子宫颈稍有收缩，黏膜由潮红变为粉红或带有紫褐色。三是黏液量少，呈混浊状或透明有絮状白块。四是卵泡体积不再增大，皮变薄，有弹力，泡液波动明显。

在实际工作中，可以这样安排，如上午发现母牛接受爬跨安定不动，应于晚上或第二天清晨进行配种；如下午发现母牛接受爬跨，安定不动，应于第二天清晨或傍晚进行配种。

6. 输精深度及部位

一般要求子宫颈管内深部输精。据大量试验证明，输精深度超过子宫颈管中间以后，进行子宫体、子宫角输精，并不能额外提高受胎率。因为输入子宫的精子能在十几分钟内达到输卵管的受精部位，因此深部输精可以缩短精子去输卵管的路程理由不充足，且深部输精容易将布氏杆菌病带给母牛，容易造成子宫创伤，同时孕牛中有 3%~6% 表现假发情，如做子宫内输精会导致妊娠受阻。

7. 输精量

在合格的精子数范围内，输精量为 0.25 毫升、0.5 毫升、1.0 毫升或 2.0 毫升时，对受胎率无显著影响，关键在于有效精子数必须保证，一般每次输入的精子数不少于 1 500 万个，在输精量较小时，输精部位要求更严。

母牛细管冷冻精液具有冷冻时受冻均匀，解冻时受热一致，解冻方便，输精时不易污染，避免精液和液氮直接接触，精子活力好，受胎率高的优点，在奶牛养殖中广泛推广应用。

8. 输精次数

一个情期内一般输精两次比一次可以提高受胎率。在一个情期内输精两次比一次好，其受胎率提高 10%~14%，但两次输精耗费精液和劳力，故如能掌握好发情规律，实行一次输精也是完全可以的。

9. 输精时注意事项

一是输精器的温度与精液的温度尽量相等。二是注入精液时如感到排出受阻时，可稍稍移动或稍向外抽出一些，然后再注入。三是输精后如发现有逆流现象，应立即补输。四是输精时如发现阴道、子宫有炎性分泌物时，应进一步检查是否有疾患。

第七节　繁殖新技术

一、胚胎移植

1. 胚胎移植的概念

胚胎移植也称为受精卵移植。它是将一头良种母畜配种后，最初数日的早期胚胎取出，移植到另一头具有相同生理状态的母畜生殖道内，使之继续发育，直到分娩，这种技术称为胚胎移植。也叫做"人工授胎"或"借腹怀胎"。提供胚胎的个体称为"供体"，接受胚胎的个体称为"受体"。

畜牧科学研究的主攻方向之一，就是最大限度地发挥优良家畜的繁殖潜力。众所周知，采用人工授精及冷冻精液，已最大限度地发挥了优良公畜的利用效率。但是良种畜群的增加，不仅决定于公畜，同时也有赖于母畜。从遗传角度看，取决于公母双方。所以优良母畜繁殖潜力的发挥，也是畜牧上改良畜群的一个重要方面。胚胎移植技术，就是提高优良母畜繁殖潜力的一个有效方法，也是改良畜种的一个方面。它将为家畜繁殖开辟新的途径。

母畜的性活动是有周期的，只有在周期性发情时，才能产生成熟的生殖细胞，而单胎家畜（牛等）每次发情又只能排出一个或少数几个成熟的卵子，由于上述原因，使母畜的繁殖力受到极大的限制。但实际上母畜卵巢中的卵母细胞足有几万个，如初生犊牛卵巢中就有 75 000 个。为了提高优良母畜的繁殖潜力，可以使用超排技术，使其在一次发情时排出较多的成熟卵子，经配种得到多个受精卵（早期胚胎），同时应用胚胎移植技术，解除优良母畜的妊娠期，就能大大地发挥优良母畜的繁殖潜力。据报道，美国采用简便的非手术胚胎移植，每年从一头良种供体母牛身上能得到 100 多头犊牛，而不是一年只生一头犊牛。这样，供体牛就成了名副其实的"供卵机"。据资料介绍，加利福尼亚州有一牧场，有 200 头母牛，其中有 5～6 头高产牛值得做胚胎移植，可以在短期内得到较多的高产后代。其中有一头高产牛已 14 岁，一个泌乳期平均产奶 1.36 万千克，结果用它作供体，然后胚移生下 12 头小牛，相当于它一生中自然生下的犊牛总数，从而迅速扩大了优良奶牛的头数，缩短世代间隔，加快育种工作进程。

另外，胚胎超低温冷冻技术亦已取得成功。可以进口胚胎代替活畜进口，阻断家畜疫病的传播途径。再者，通过胚胎移植，可使肉牛怀双犊，可以在不增加母牛的情况下，增产肉用犊牛，以适应肉食品增长的需要。

2. 超数排卵

超数排卵简称"超排"。超排技术是胚胎移植技术中首要的基本措施，没有超排，就失去了胚胎移植的意义。

超排就是在母畜发情周期的适当时间，注射促性腺激素，使卵巢比在一般情况下有较多的卵泡发育，并排卵。这种方法就称为"超数排卵"。

超排处理有两种目的，一种是为了提高产子数，多用于绵羊，使绵羊产双羔或三羔，但避免多羔，所以应严格控制激素的剂量。这种方法对羔皮品种如卡拉库尔羊有特殊意义，故常采用。另一种是为了胚移而超排，这时超排数量可增至十几个或更多，这是因为受精卵要分别移植到多个受体，供体母畜超排后并无妊娠问题。但超排数也不是越多越好。超排过多，相对会降低卵子的受精率，所以，牛、羊的超排数以 10~20 个为宜。

3. 胚胎移植程序

（1）供体和受体　确定供体母畜，并选择一定数量的健康母畜作受体，每头供体需准备 2~5 头受体，二者发情时间前后相差不宜超过 1 天以上。但在一般情况下，欲找到若干头与供体母畜发情时间相同者非常困难，所以在胚胎移植时往往要对供体和受体进行同期发情处理，同时还要对供体母牛做超排处理。以便一次采集多个胚胎。超排处理所用促性腺激素的剂量可大一些，绵羊在预定发情到来的前 4 天，皮下注射 PMSG 1 000~1 500 国际单位即可，也可在出现发情后再注射（肌内或静脉）HCG 750~1 000 国际单位。牛的注射时间同羊，两种激素剂量分别为 2 000~3 000 国际单位和 1 000~1 500 国际单位，供体母畜发情后用良种公畜交配或人工授精 2~4 次，以保证卵子有较高的受胎率。受体母畜则不配种。

（2）胚胎的收集（冲卵）　受精卵的冲取有两种方法，一种是手术法（适用于各种家畜），一种是非手术法（仅用于牛、马等大家畜，且只有在胚胎进入子宫角以后进行）。冲取部位取决于受精卵在生殖道内所处的位置，即取决于冲卵是在配种后的第几天进行，以及卵子运行的速度。

各种家畜排卵后，受精卵进入子宫角的时间是：猪 1.5~3 天，牛 2~4 天，绵羊 2~4 天，马 3~6 天。此时一般已发育到 8 个细胞以上，按胚胎发育阶段来说，以 4~8 细胞以上为宜，牛胚胎多在发育至桑葚胚晚期或囊胚早期进行收集和移植。

手术法冲取时，按外科手术的要求，在腹部适当部位做一切口，找到输卵管和子宫角，引出切口之外，用注射器将冲洗液注入输卵管或子宫角内，针头需压紧固定。从另一方向插入细塑料管或针头，用试管或平皿接取冲洗液，胚胎同冲洗液一同流出。非手术法冲取时使用二路或三路导管冲卵器。

（3）胚胎的检查　将冲洗液放于解剖镜下，先放大较小的倍数（10~20 倍），检查胚胎的数量，继而再于较高倍数下（50～100倍）观察胚的发育情况。随即将发育正常的胚胎收集到注射器或滴管内，每管内装1～3个胚，供作移植。

（4）术前准备 胚胎的移植供体和受体母畜同时做好术前准备，当对供体进行胚胎收集和检查的时候，即应在受体腹部手术部位做一切口，找到排卵一侧的卵巢，用注射器或滴管将胚胎注入同侧子宫角或输卵管内，完成移植手术。

（5）供体和受体的术后观察 对术后的供体和受体，不仅要注意它们的健康状况，同时要观察它们在预定的时间是否发情，尤其是受体，术后3周左右如果发情，则说明未受胎，移植失败；如未发情，则需要进一步观察，并在适当时间进行检查，确定是否妊娠，如已妊娠，应进一步加强饲养管理。供体如已康复，则可连续或空过1～2个发情周期，再做供体。

二、性别控制

哺乳动物性别的自然比例大致为1：1。一个个体的性别，是由所含的一对性染色体决定的，即含XX为雌性，含XY为雄性。决定个体性别的时间，是在卵子和精子结合时，它完全由被结合的精子来决定。由于全部卵子都只含有一种性染色体X染色体，而精子则有两种类型，有的含有X染色体，有的含Y染色体，其比例为1：1。带有X染色体的精子和卵子结合，则产生含有XX性染色体的雌性个体，而带有Y染色体的精子和卵子结合，则产生含有XY的性染色体的雄性个体。

人类自开始驯化家畜时起，就梦想能够控制其性别，长期以来，人们一直在探索控制性别的途径。早先是根据X和Y精子的电荷比重、生物化学特性、活动力等方面的差别，采用电泳法、沉降法、离心法等技术，企图分离这两种不同的精子，但是，这些实验都没有获得理想的结果。

1. 家畜性别鉴定

（1）性染色质小体鉴定法 1949年Barr发现雌性哺乳动物的体细胞在细胞分裂的间期，其细胞核中有性染色质小体，称为Barr小体，巴氏小体是雌性动物所特有的。英国的爱德华（Edwards）和加德纳（Gardner）于1968年用显微外科手术从6日龄家兔胚胎上取出一些细胞（这种手术不影响胚胎的正常发育），经一定处理后，检查核内有无巴氏小体以鉴别兔的性别。然后将经过性别鉴定后的兔胚移植，结果获得成功。但是，由于其他动物胚胎的细胞核内含有颗粒性结构，不易鉴定巴氏小体，而且巴氏小体出现频率很低，所以不适于用来作其他动物胚胎的性别鉴定。

（2）性染色体分析法 在动物妊娠的初期，抽取少量羊水，检查胚胎脱落到羊水中的细胞的性染色体，以鉴定胚胎的性别，这种方法在牛已获得成功。但因母畜已经妊娠，胚胎的性别早已确定，所以只能用于性别的预测，而不能用于性别的选择。

（3）免疫法　1955 年 Eichwald 和 Silmse 在高度纯化的小鼠之间进行皮肤移植实验时发现，在同一性别个体之间的皮肤移植，或将雌性个体的皮肤移植到雄性个体，均不发生排斥反应，表现为组织相容。但是，当将雄性个体的皮肤移植到雌性个体时发生排斥反应，表现为组织不相容。他们推测，在雄性细胞表面有一种为雌性所没有的特殊物质，从而引起雌性产生免疫排斥反应，他们称这种物质为组织相容性—Y 抗原，简称 H—Y 抗原。进一步研究表明，许多哺乳动物和人，正常的雄性都有 H—Y 抗原（H—Y 阳性），雌性没有 H—Y 抗原（H—Y 阴性）。

现在有充分的论据证明，H—Y 抗原是由 Y 染色体上的 H—Y 抗原基因产生的，它决定原始生殖腺向睾丸发育。没有 Y 染色体的个体，就不产生 H—Y 抗原，原始生殖腺就发育成卵巢。实验证明，H—Y 抗原早在哺乳动物雄性胚胎发育的细胞期就开始产生，随后在所有的组织中出现。将含有 H—Y 抗原的雄性细胞（一般用脾细胞）注射到不含 H—Y 抗原的雌性个体，使其产生免疫反应，制备 H—Y 抗血清，然后使待鉴定胚胎与抗血清接触。凡是发生抗原—抗体反应的胚胎为雄性，不发生反应者为雌性。1976 年 Krco 和 Goldberg 先后报导用 H—Y 抗血清鉴定小鼠胚胎性别，获得成功。1983 年初美国报导，他们用 H—Y 法鉴定牛胚胎性别后移植，也获得成功，生下两头雌性牛犊。1984 年日本也报道了用此法鉴定牛胚胎获得成功。

2. XY 精子分离技术

人工授精、胚胎移植、体外受精和性别控制等四大繁殖新技术的相结合，对畜牧业生产的发展将起到不可估量的作用和产生极其深远的影响。美国 XY 公司所开发的 XY 精子分离技术是当今全球最新最先进的性别控制技术，我们把冻精冷配称为畜繁育改良的第一次技术革命，把胚胎移植称作家畜繁育改良的二次技术革命，XY 精子分离技术毫无疑问地成为家畜繁育改良的第三次技术革命。

连续生母犊，对迅速扩繁良种奶牛群体、实现规模经济、缩短世代间隔、加速改良步伐都有着现实而重要的意义，所谓"奶牛生母牛，三年五头牛"即是我国奶农对这一过程朴素而形象的描述。XY 精子分离技术是通过对精子进行染色体分类，提供可以控制性别的精液，从而使得奶牛连续生母牛犊这一梦想得以实现。

（1）XY 精子分离技术的原理和理论基础　X 和 Y 精子 DNA 含量存在差异（X > Y），用荧光染料 HOECHST 33342 着色，激光照射后荧光信号有差异—X 强于 Y，荧光信号通过分离仪信息芯片处理，含 X/Y 精子的液滴通过高压磁场处理，携带不同电荷的液滴在电场作用力的引导下，落入左右两旁的收集容器中。

（2）XY 精子分离技术的过程　同时由于喷嘴产生高频率的震动，喷射出的液柱也就形成一滴滴包含有 X 精子或者 Y 精子且带有正电荷或者负电荷的液滴，液滴的两旁放置有电极，产生高压电场。这样，携带不同电荷的液滴在电场作用力的引导下，落入左右两旁的收集容器中，X 精子和 Y 精子得以分离。

（3）精子分离技术的研究　1989 年首次成功分离 X、Y 精子；1989～1998 年初期研究阶段；1999～2001 年进入中期研究，2000 年英国开始生产应用。分离精子速度逐步提高，1992～1997 年 200～300 个/秒；1998～2000 年 1 000～2 000 个/秒；2001 年 3 000～5 000 个/秒；分离精子准确度 >90%。人工授精青年母牛受孕率 >50%。

（4）XY 精子分离技术在良种奶牛繁殖上的应用　XY 精子分离技术在国外已进入商业化应用阶段，已应用于牛、猪、马等哺乳动物，由于母牛犊的经济效益及国际乳业发展需求，国际上都将该技术应用重点放在荷斯坦奶牛精子分离上。XY精子分离技术的应用，也加速我国良种奶牛种群的扩繁。由于我国奶牛的品种以及综合养殖技术落后，我国奶牛的平均单产很低，与以色列、美国等奶业发达国家差距很大。从我国实际情况来看，全国各地对良种牛的需求呈高速增长之势，每年增长速度达到 15%。我国牛奶消费水平正不断地提高，如果达到亚洲平均水平，则高产荷斯坦奶牛的缺口达 1 200 万头。

由于奶牛自然繁殖率低，繁殖速度慢，使得国内现有奶牛种群扩繁受到很大限制，从国外大批引进种奶牛要花费大量的外汇，也受到隔离场数量不足和进口国牛源的限制。因此，高产纯种奶牛的缺乏成为目前我国奶业发展的瓶颈。

奶牛是单胎动物，自然状态下，奶牛总头数的增长率低于 9%。一头母牛一年只能繁殖一胎，终生也只能提供 3～4 头有效后代（母牛）。采用目前常规的人工授精繁育技术，远不能满足产业发展的需要。

XY 精子分离技术是目前最先进的良种繁育技术。XY 精子的分离成功率已达到 93%，XY 精子的受精成活率已达到 65%，意味着如果得到一头良种母牛犊，采用传统的冻精技术，则需要 5 剂精液，花费两年的时间；而采用 XY 精子分离技术，只需要 2.5 剂精液，花费一年的时间。不论从繁育的成本还是从效率考虑，XY 精子分离技术都是畜牧业的一场革命。

由于 X 精子生产工艺复杂，必须工厂化操作，因此不能供应新鲜精液。只能供应冷冻精液。由于在生产过程中精子消耗了一部分能量，剔除了 Y 精子和死精，所以精子密度低，能量少，所以用性控冻精配种输精深度要到更深部位，减少精子游动距离。密度虽低但已经达到受孕的精子密度要求，方法得当，受孕率与普通冻精无明显差异。

因此，XY 精子分离技术是当今获得良种母牛后代的最先进、最快的一个途径，可以最大限度地发挥良种牛的繁殖潜力，加快牛品种结构调整，提高良种牛繁育速度，大大促进乳业的发展，并对发展我国奶牛养殖业，增加农牧民收入具有重要的战略意义。

三、克隆

克隆一词是英文单词 clone 的音译，作为名词，clone 通常被意译为无性繁殖系。同一克隆的所有成员的遗传构成是完全相同的，例外仅见于有突变发生时。自然界早已存在天然植物、动物和微生物的克隆，例如：同卵双胞胎实际上就是一种克隆。然而，天然的哺乳动物克隆的发生率极低，成员数目太少（一般为两个），且缺乏目的性，所以很少能够被用来为人类造福，因此，人们开始探索用人工的方法来生产高等动物克隆。这样，克隆一词就开始被用作动词，指人工培育克隆动物这一动作。

目前，生产哺乳动物克隆的方法主要有胚胎分割和细胞核移植两种。

1. 胚胎分割

近年来对哺乳动物的受精卵用显微手术操作进行实验发生学的研究或发生工程学操作，这样能够人为地获得一卵性多胞胎。生产遗传上完全相同的小群无性繁殖系供研究是很有益的，尤其是生产稀缺或优良品种一卵性多胞胎，则具有很大的经济意义。因此，一卵性多胞胎是人们早就向往的事情。

众所周知，动物细胞和植物细胞有很大的区别。植物体的每个细胞都能发育成一株植物，这种特性称为发育的"全能性"。而动物的体细胞没有全能性，即一个细胞不能发育成一个动物。但动物的受精卵可以发育成完整的动物。那么在什么发育阶段的胚胎所分离出来的细胞仍能发育成完整的动物呢？

分割胚胎的实验最早由 Seidel（1952 年）用兔胚进行的。他将 2 细胞期的兔胚在显微镜下用针刺死一个卵裂球，而另一个卵裂球在体外培养到一定的发育阶段后，移植到受体兔，结果获得成功。Troson（1974 年）分割绵羊胚胎也获得成功。生下了同卵双生羔羊。英国 WiUadsen 和联邦德国 Meineche 等对牛胚胎进行分割也产生了一卵双胎。1984 年英国的 Allen 和 Peshen 将 2~8 个细胞的马胚分割为 1/2 胚和 1/4 胚，分别进行移植，生下了 3 匹由 1/2 胚和由 1/4 胚发育成的马驹。这些实验证明，哺乳动物的 2 细胞期、4 细胞期、8 细胞期的早期胚胎，每个卵裂细胞都有"全能性"，并能发育成完整的动物，为人造一卵性双胞胎或多胞胎迈出了可喜的一步。

胚胎分割正在迅速地变为胚胎移植的组成部分。在不久的将来，牛胚胎的分割、性别鉴定和冷冻等技术将结合在一起，养牛者可以到胚胎库选种，胚胎库的牛胚都是已知谱系和性别的成双牛胚，将选上的胚胎带回牧场移植。

2. 细胞核移植

克隆羊"多莉"，以及其后各国科学家培育的各种克隆动物，采用的都是细胞核移植技术。所谓细胞核移植，是指将不同发育时期的胚胎或成体动物的细胞核，经显微手术和细胞融合方法移植到去核卵母细胞中，重新组成胚胎并使之发育成熟的过程。与胚胎分割技术不同，细胞核移植技术，特别是细胞核连续移植技术可以产生无限个遗传相同的个体。由于细胞核移植是产生克隆动物的有效方法，故人们往往把它称为动物克隆技术。

采用细胞核移植技术克隆动物的设想，最初由汉斯·施佩曼在 1938 年提出，他称之为"奇异的实验"，即从发育到后期的胚胎（成熟或未成熟的胚胎均可）中取出细胞核，将其移植到一个卵子中。这一设想是现在克隆动物的基本途径。

从 1952 年起，科学家们首先采用青蛙开展细胞核移植克隆实验，先后获得了蝌蚪和成体蛙。1981 年卡尔·伊尔门泽和彼得·霍佩用鼠胚胎细胞培育出发育正常的小鼠，哺乳动物胚胎细胞核移植研究取得了最初成果。到 1995 年，在主要的哺乳动物中，胚胎细胞核移植都获得成功，包括冷冻和体外生产的胚胎，对胚胎干细胞或成体干细胞的核移植实验，也都做了尝试。但到目前为止，成体动物已分化细胞核移植一直未能取得成功。

克隆技术已展示出广阔的应用前景，概括起来大致有以下四个方面：

（1）培育优良畜种和生产实验动物。

（2）生产转基因动物。

（3）生产人胚胎干细胞用于细胞和组织替代疗法。

（4）复制濒危的动物物种，保存和传播动物物种资源。

四、体外受精

1959 年 Chalg 等人进行家兔卵子的体外受精，并进行移植，在哺乳动物中第一次得到体外受精的后代，在人类即所谓"试管婴儿"。发表过许多哺乳动物体外受精的报告，其中多数是着重证明精子进入卵子（精子头部膨大）、原核的形成以及卵裂的开始等。经过体外受精和受精卵移植，所得到的后代有家兔、人以及大白鼠、小白鼠、牛等。

体外受精技术应用于人的情况，是治疗卵巢和子宫正常而输卵管异常的妇女或精液中精子过少的男性不育症。牛的体外受精是和胚胎移植相配合的，从而使胚移可以在更广泛的范围内应用。

复习思考题

1. 母畜的初配年龄与初情期有什么不同？

2. 诱导发情如何操作？

3. 简述采精操作方法。

4. 公猪如何调教？

第四章　家禽繁殖技术

【知识目标】

1. 了解种蛋的相关知识及管理。
2. 了解鸡蛋胚胎发育全过程。

【技能目标】

1. 掌握种蛋的消毒方法。
2. 掌握鸡的孵化关键技术。
3. 掌握鹌鹑的雌雄鉴别技术。

第一节 鸡的孵化技术

一、种蛋

1. 鸡蛋的构造

（1）蛋黄 占鸡蛋总重量的32%，外面包有蛋黄膜。家禽的卵为端黄卵，细胞核位于卵黄的一端。没有受精的次级卵母细胞构成白色圆盘状胚珠，受精卵经过多次分裂形成中央透明的胚盘，直径大于胚珠。卵黄的形成和积累过程同胚细胞的分化、生长和成熟密切相关。排卵前7~9天，卵黄物质沉积加速，体积增大。卵黄在胚胎发育过程中形成卵黄囊，是胚胎主要营养供给器官。

（2）蛋白 蛋白占到种蛋重量的2/3，主要成分为蛋白质和水分。按成分、黏性、功能和层次分为四层，由内向外分别为，系带与系带层浓蛋白（或内浓蛋白，占2.7%）、内稀蛋白（占17.3%）、外浓蛋白（占57.0%）和外稀蛋白（占23.0%）。蛋白的主要功能是保护胚盘和为胚胎提供水分、蛋白质等营养物质。

（3）蛋壳 蛋壳由壳胶膜、矿物质和蛋壳膜3部分组成。壳胶膜位于鸡蛋的最外层，具有降低水分蒸发和阻止细菌侵入的作用。矿物质部分的主要成分为碳酸钙，构成了鸡蛋的硬壳，保证鸡胚发育内环境的稳定。蛋壳在鸡胚发育中，满足钙、磷等矿物质的需求。另外，鸡蛋蛋壳上有10 000多个气孔，为鸡胚进行气体交换创造条件。高海拔地区的禽蛋气孔较少。在蛋壳表面有一层壳护膜（胶护膜），可以防止微生物侵入蛋内部。蛋壳膜分内、外两层，靠近蛋壳的称外壳膜，靠近蛋白的称内壳膜。内壳膜较厚（0.05毫米），外壳膜较薄（0.015毫米）。在鸡蛋的钝端，内、外壳膜分开形成气室。蛋壳膜的功能是阻止细菌进入蛋内，保证孵化的顺利进行。

2. 产蛋机制

（1）卵巢中卵泡的发育 家禽卵巢位于腹腔左肺后方、左肾前叶头端，以卵巢系膜韧带悬于背侧体壁。幼禽卵巢小，呈扁椭圆形，似桑葚状。性成熟时卵巢增大，常见有几个依次递增的大卵泡，呈葡萄串状。卵子及卵泡的生长发育，以至最后成熟，主要是垂体前叶促卵泡素（FSH）作用的结果。在卵泡迅速生长的过程中，卵泡分泌雌激素不但刺激生殖道影响第二性征的变化，而且使母禽愿意接受公禽的交配，同时可能对排卵激素（LH）的释放也有作用。

（2）排卵 在激素和神经系统的控制下，由于卵泡柄和卵带平滑肌的收缩，使卵带破裂，释放出卵母细胞的过程称排卵。排卵后，卵子被漏斗部接纳进入输卵管内。卵巢上不形成黄体，卵泡壁很快萎缩，形成瘢痕组织，1个月后完全消失。禽类虽无黄体，但卵子能产生孕酮，它也能刺激垂体释放LH，导致成熟的卵泡排卵。正在形成中的蛋经过峡部到达子宫，一般母鸡在产蛋后 15~75 分，下一个成熟的卵泡破裂排卵，如果是连续产蛋的母鸡，产蛋的间隔为 24~26 小时。

（3）输卵管的构造与蛋的形成　输卵管前端开口于卵巢的下方，后端开口于泄殖腔。根据形态和功能不同，分为喇叭部、膨大部、峡部、子宫和阴道 5 个部分。

1）喇叭部　又称漏斗部或伞部。为输卵管的入口，周围薄而不整齐，产蛋期内其长度为 3~9 厘米。漏斗部在排卵前后蠕动活跃，张开宽广的边缘等待着卵细胞的排出。成熟的卵泡破裂排出卵子，排出的卵子在未形成蛋前叫卵黄，形成蛋后叫蛋黄。当卵黄排出后，立即被喇叭部接纳，并进行受精，约经过 30 分。

2）膨大部　又称蛋白分泌部，为输卵管最长的部分，长 30~50 厘米，壁较厚，黏膜形成纵褶，前端与喇叭部界限不明显，后端与峡部区分明显。膨大部密生腺管，包括管状腺和单细胞腺两种，前者分泌稀蛋白，后者分泌浓蛋白。进入膨大部后，首先分泌浓蛋白包围卵黄，因机械旋转，引起浓蛋白扭转而形成系带。然后，分泌稀蛋白，形成内稀蛋白层，再分泌浓蛋白形成浓蛋白层，最后再分泌稀蛋白形成外稀蛋白层。形成中的蛋在膨大部存留 3 小时。

3）峡部　前端与膨大部界限分明，后端为纵褶的尽头，与子宫连接为输卵管较窄和较短的一段，长 8~10 厘米，内中纵褶不明显。峡部是输卵管蛋白分泌部的终结，在解剖学上以无腺体圈为界限，它将蛋白分泌部和下一部分连接起来。峡部的腺体不像输卵管蛋白分泌部那样发达，它的分泌物是形成蛋壳膜所必需的物质，同时补充蛋白的水分。当蛋移动经过峡部时，形成由角蛋白纤维编织而成的两层膜。即蛋的内外壳膜在此形成。经过峡部的时间约 74 分。

4）子宫　子宫前方连接峡部，后接阴道，子宫壁厚而且肌肉多，管腔大，长 10~12 厘米。子宫壁富含腺体，分泌子宫液，形成蛋壳和胶护膜。有色蛋壳的色素也在子宫部分泌。通过蛋壳膜渗入子宫分泌的子宫液（水分和盐分），使蛋白重量几乎增加 1 倍，同时使蛋壳膜膨胀成蛋形，随着蛋在子宫内的逐渐形成，子宫分泌钙质的量也逐渐增多，并沉积在壳膜上形成蛋壳。有色蛋壳上的色素，由子宫上皮分泌的色素卵嘌呤均匀地分布在蛋壳和胶护膜上，在蛋离开子宫前形成胶护膜。蛋在子宫部形成的时间最长，达 18~20 小时。

5）阴道　子宫与阴道在解剖学上以括约肌为界限，为输卵管的最后一部分，长 10~12 厘米，开口于泄殖腔背壁左上侧。肌肉发达，它不参与蛋的形成。已经形成的蛋只在此短暂停留，以待产出，时间为 30 分。当蛋产出时，阴道自泄殖腔翻出，因此，蛋并未直接接触泄殖腔，交配时，阴道也同样翻出，接受公鸡射出的精液。

（4）蛋的产出　产蛋过程受神经和激素的控制，主要的激素是孕酮、催产素和加压素等共同作用。蛋在形成过程中，在壳腺部一直保持锐端向下，在产蛋之前转动 180°，大多以钝端先行产出（占 80%）。鸡从卵排出到蛋的产出需 24 小时以上，当一个蛋产出以后，要经过 30 ~ 60 分，下一个卵泡才排出。因而每天产蛋的时间要比前一天推迟，并经过连续数天产蛋后会停产 1 天或 2 天，然后再连续产蛋数天，这种周期性的产蛋现象称为产蛋周期。

3. 畸形蛋形成

常见的畸形蛋多出现在刚开产阶段，另外饲料中营养不全、饲养管理不当、母禽患寄生虫等疾病也能导致畸形蛋增多。

畸形蛋的种类和成因

种类	外观	形成原因
双黄蛋	蛋很大，每个蛋有两个黄	两卵子同时成熟排出，或母鸡受惊或其他原因，造成卵泡破裂而提前与成熟卵排出，多见于初产期
尢黄蛋	蛋很小	膨大部机能旺盛，出现浓蛋白瘀块；卵巢出血的血块，脱落组织，多见于盛产期
软壳蛋	无硬壳，只有厚薄不一的壳膜	缺乏维生素 D、钙、磷，子宫机能失常，母鸡受惊，疫苗、药物使用不当，母鸡患病等
异物蛋	蛋内有血块、肉斑或寄生虫	卵巢、输卵管炎症，导致出血或组织脱落，有寄生虫
异状蛋	蛋形呈长形、扁形、腰鼓形成蛋壳上有皱纹、砂壳等	母鸡受惊，输卵管机能失常，子宫反常收缩，蛋壳分泌不正常等
蛋包蛋	蛋很大，破壳后内有一正常蛋	蛋形成后产出前，母鸡受惊或某些生理反常，导致输卵管逆蠕动，恢复正常后又包围蛋白、蛋壳

4. 种蛋管理

（1）种蛋的收集　种蛋收集要勤，收蛋时避免种蛋污染、破损。每天收蛋 3 ~ 4 次较为合理，过冷或过热的季节每天收蛋 5 ~ 6 次。平养时，每天最后一次收蛋后要关闭产蛋箱，防止母鸡在产蛋箱中过夜引起抱窝。

收蛋前注意用消毒液洗手，收蛋器具也要常消毒，避免种蛋交叉污染。每次收蛋后要清点数量，将不合格种蛋（破蛋、裂纹蛋、脏蛋、软壳蛋）挑出分别统计。合格种蛋要及时放入种蛋库进行消毒、合理保存。

一般每 4 ~ 6 只鸡要配备 1 个产蛋箱，产蛋箱放置在光线较暗的地方，保证有充足的垫料，为产蛋创造舒适的环境。刚开产的青年母鸡，可以在产蛋箱中放置假蛋，引诱其进入产蛋箱中产蛋。

收集种蛋时，把特大、特小、畸形、破损和污染严重的种蛋挑出，另外放置，不进入种蛋库。这样可以减少对其他种蛋的污染，而且大大节省种蛋选择的时间。

（2）种蛋的保存

1）保存时间　种蛋保存 3~5 天孵化率最高，种蛋一般要求保存时间在 1 周以内，保存 1 周后的种蛋孵化率显著下降。存放不超过 2 周的种蛋不宜用于孵化。储存期也受种群年龄影响，初产期种蛋保存时间可以略长一些，产蛋后期种蛋最好不要超过 7 天。贮存期延长所导致的孵化率下降与蛋失重有关，种蛋的耗氧率等于失水率，长期贮存的种蛋不可能失去更多的水分来换回氧气，造成早期死胚率增高。

2）保存温度　鸡胚发育的临界温度为 21℃，高于这一温度，鸡胚开始发育，会造成死精蛋。为了抑制酶的活性和细菌的繁殖，种蛋保存的适宜温度为 18℃左右，夏季种蛋库要有降温设施。蛋刚产出时，蛋温接近鸡的体温，种蛋应逐渐降至保存温度，以免骤然降温影响到胚胎的活力，引起孵化率下降。种蛋在进入种蛋库前，要在缓冲间放置 3~5 小时，然后装入种蛋箱，放入种蛋库。不要直接暴露放入种蛋库。

3）保存湿度　在保存的过程中，应尽量减少蛋内水分的蒸发。保存湿度以接近蛋的含水率为宜，适宜的保存湿度为 70%~75%，过高的湿度会引起种蛋蛋壳发霉。

4）适度通风　通风的主要目的是防止种蛋发霉，但是通风量过大会造成蛋内水分过度蒸发。因此，要做到适度通风。种蛋库进出气孔要通风良好，注意不能直接吹到种蛋表面。

5）蛋的存放状态　保存期 1~7 天，种蛋钝端向上；8~14 天，锐端向上。

6）种蛋库要求　隔热性能良好，清洁卫生，能够防蝇、防鼠，窗户要小，不能有阳光直射到蛋箱。

（3）种蛋的挑选　合格种蛋是孵化健康雏鸡的保证，只有对种蛋进行严格的挑选，才能提高孵化率和健雏率。种蛋的挑选应从以下几个方面进行。

1）种蛋来源　种蛋应选自健康无病的高产柴鸡鸡群。有一些传染病可以通过种蛋垂直传播，如鸡白痢、鸡伤寒、鸡副伤寒、鸡慢性呼吸道病、传染性支气管炎等。柴鸡种蛋有很多是从农户手中收购的，收购前先要观察鸡群的饲养状况，看鸡群是否健康，还要看公鸡数量是否充足。

2）蛋龄　指鸡蛋产出后保存的天数。蛋龄越小，孵化率越高。一般要求蛋龄在 2 周以内，夏季在 1 周以内。在农村收购柴鸡蛋时，可以通过照检，观察气室的大小判断蛋龄，气室越大，蛋龄越大。

3）蛋壳品质　蛋壳要求清洁卫生，没有粪便污染。蛋壳薄厚均匀一致，厚度在 270~370 微米，蛋壳太厚的钢皮蛋、蛋壳太薄的砂壳蛋以及皱纹蛋都要淘汰。蛋壳颜色要符合品种要求。破蛋和裂纹蛋也要剔除。

4）蛋重　柴鸡种蛋的范围以 45~60 克为好，不同品种要求不同。蛋重的大小会影响到雏鸡的体重和成活率。刚开产的柴鸡蛋重过小，而且畸形蛋较多，这时不适合进行孵化。开产 1 个月，蛋重达到标准后，可以进行孵化。

5）蛋形　种蛋要求椭圆形，大头、小头区分明显，蛋形指数（横径比纵径）为 0.72～0.75。要淘汰畸形蛋，如葫芦形、腰鼓形、橄榄形等。

（4）种蛋的消毒　种蛋在鸡体内基本上是无菌的，一经产出体外，就会受到细菌的侵袭。研究发现，蛋刚产出时，蛋壳上细菌数为 300～500 个；15 分后，细菌数为 1 500～3 000 个；1 小时后，繁殖到 2 万～3 万个。可见细菌的繁殖速度相当快，一定要做好种蛋的及时消毒。

1）消毒时机　种蛋在入孵前要进行 2 次消毒。第一次为种蛋收集后立即进行。这次消毒，要求在种禽舍旁的消毒柜内完成，然后放入种蛋库，防止交叉污染。入孵时进行第二次消毒，一般在孵化器中进行熏蒸消毒。

2）消毒方法

甲醛熏蒸法

适合大批量种蛋消毒。消毒药品按每立方米空间 30 毫升福尔马林（40% 甲醛溶液），15 克高锰酸钾。消毒温度 25～28℃，相对湿度 75%～80%，密闭熏蒸时间为 20～30 分。严格控制药品的用量和熏蒸的时间。盛放消毒药品的容器要求为陶瓷器皿，而且容积要大；加药的顺序是先放高锰酸钾，然后再加福尔马林；甲醛气体有毒，操作人员要避免吸入，福尔马林溶液不能接触皮肤。

浸泡消毒法

适合小批量孵化和传统孵化法，放养柴鸡种蛋蛋壳较脏时多采用，在消毒的同时，对入孵种蛋起到清洗和预热的作用。常用的消毒剂有 0.1% 新洁尔灭，0.01% 高锰酸钾等，水温控制在 39～40℃，要略高于蛋温。

喷雾消毒法

适合分批入孵，为避免污染和疾病传播，种蛋装上蛋架车后，用 0.1% 新洁尔灭或 0.3%～0.5% 百毒杀溶液进行喷雾消毒。

二、鸡的胚胎发育

1. 受精与体内发育过程

鸡自然交配或人工授精后，大量的精子从阴道及子宫部（壳腺部）向输卵管漏斗部运输，排卵后在漏斗部受精。受精卵在峡部开始第一次卵裂，一直到形成鸡蛋产出体外，形成一个多细胞（20 000～40 000 个细胞）的胚盘，进入囊胚期或原肠胚早期。产出体外后，因环境温度降低而停止发育。没有受精的称胚珠，为没有分裂的次级卵母细胞。通过肉眼观察就能区分是胚珠还是受精的胚盘。在购买种蛋时每批次可以抽查 10～20 枚，打开后检查种蛋受精情况。胚盘直径较大，为 3～4 毫米，呈同心圆结构；而胚珠直径较小，边缘整齐，但内部为不规则白色小点。

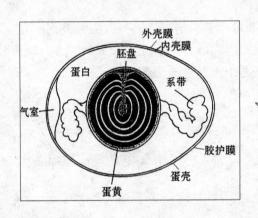

鸡的胚胎早期发育示意图

2. 体外发育过程

（1）0～2 胚龄　形成鸡胚胎发育初期的特有结构——原条。然后在孵化前两天，胚层分化，在内胚层和外胚层之间向囊胚腔生长出中胚层。这三层细胞将发育成身体的各种组织器官和系统。外胚层发育为皮肤及其衍生物（羽毛、喙、爪）、神经系统、口腔与泄殖腔内壁等。中胚层发育为骨骼、肌肉、循环系统、生殖系统、排泄器官等。内胚层发育为消化道、呼吸与内分泌器官的内壁等。

（2）3 胚龄　卵黄血管区面积增大，直径达 1 厘米。胚胎的头、眼大，眼睛色素开始沉着。颈短，背部生长迅速，胚体弯曲。照蛋特征为"蚊虫珠"。

（3）4 胚龄　卵黄囊血管包围的卵黄超过 1/3，胚胎与蛋黄分离，由于中脑迅速生长，头部显著增大。胚胎因背部生长迅速而更加弯曲，肢芽长与宽相近。照蛋特征为"小蜘蛛"。

（4）5 胚龄　生殖腺已经分化，形成口腔和四肢，胚胎极度弯曲，出现指（趾）痕。照蛋特征为"黑色眼点"、"起珠"。

（5）6 胚龄　卵黄囊血管分布在卵黄的 1/2 以上。胚体由弯曲转向伸直。出现喙原基、肋骨。躯干部增大，但小于头部。羊膜平滑肌开始有规律地收缩，打开蛋可见到胚体运动。头部抬起，颈部伸长，胚体伸直。照蛋特征为"双珠"。

（6）7 胚龄　胚胎在羊水中时隐时现，1/2 蛋面布满尿囊血管。胚体出现鸟类特征，翼、喙明显，上喙前端出现一小白点——破壳齿。背中线出现羽毛原基。照蛋特征：胚胎在羊水中时隐时现，俗称"沉"。

（7）8胚龄　四肢完全形成，腹腔愈合。上、下喙清晰可见。照蛋特征：从正面看胚胎重新浮于羊水表面，俗称"浮"；从背面看，尿囊血管已扩大到背面，两侧卵黄不易晃动，俗称"边口发硬"。

（8）9胚龄　鼻孔明显，全身具有羽毛乳头，性腺能明显区分雌雄。喙伸长并稍弯曲。照蛋特征：背面尿囊血管伸展越过卵黄囊，俗称"窜筋"。尿囊在气室下方血管吻合。

（9）10胚龄　喙开始角质化，出现鸡冠，整个背颈、大腿部出现羽毛乳头。照蛋特征：尿囊血管在蛋小头合拢，除气室外，整个蛋布满血管。正面血管粗，背面血管细。

（10）11胚龄　背部出现绒毛，冠出现锯齿。照蛋特征：背面血管由细变粗。

（11）12胚龄　眼被眼睑遮蔽2/3。开始吞食蛋白。照蛋特征：尿囊血管变粗。

（12）13胚龄　全身覆盖绒毛，胫出现鳞片。照蛋特征：小头亮区逐渐减小，蛋背面阴影占蛋1/4。

（13）14胚龄　头部转向气室，胚胎与蛋的长轴平行。照蛋特征：蛋背面阴影占蛋1/3。

（14）15胚龄　翅已完全成形，眼被眼睑完全遮蔽。照蛋特征：蛋背面阴影占蛋1/2。

（15）16胚龄　鸡冠与肉垂极为明显，蛋白几乎全被吸收。照蛋特征：蛋背面阴影占蛋2/3。

（16）17胚龄　羊水和尿囊液开始减少，躯干增大，头部缩小。两腿紧抱头部，喙转向气室。照蛋特征：小头不再透光，俗称"封门"。

（17）18胚龄　头部弯曲于右翼下，眼睛开始睁开。照蛋特征：气室斜向一侧，胚胎转身造成，俗称"斜口"。

（18）19胚龄　大部分卵黄进入腹腔，开始用肺呼吸，可听到雏鸡叫声。照蛋特征：气室可见黑影闪动，俗称"闪毛"。

（19）20胚龄　尿囊血管完全枯萎，开始啄壳出雏。啄壳时，雏鸡先用破壳齿在近气室界线处"敲"一个孔，而后沿蛋的横径顺时针间隔敲打，形成规则裂缝。

（20）21胚龄　雏鸡大量孵出。

3. 胎膜的形成及生理功能

（1）卵黄囊　卵黄囊为最早出现的胎膜构造，鸡胚孵化第二天形成，第三天卵黄囊及其表面分布的血管包围卵黄近1/3，第六天分布于卵黄表面1/2，第九天几乎覆盖整个卵黄表面。卵黄囊通过卵黄柄（卵黄囊带）与胎儿连接。卵黄囊形成绒毛状突起，伸入卵黄中以扩大与卵黄的接触面积。卵黄囊的主要功能是通过卵黄囊循环供给胎儿营养物质。在孵化早期，蛋白中的水分经过半透性的卵黄膜进入卵黄内，卵黄液化膨胀，卵黄囊血管紧贴内壳膜，可以进行气体交换。孵化末期，脐部开口扩大成直径1厘米圆口，卵黄囊及卵黄（6～10克）吸入腹腔中，使下腹部明显隆起，出壳1周后吸收完毕。

（2）羊膜和浆膜　羊膜和浆膜是同时发生的，在孵化30小时左右，首先在头部长出一个皱褶，随后向两侧扩展形成侧褶。孵化50小时左右，尾褶出现。第三至第四天逐渐包围胎儿并且在背部合拢，形成两层胎膜，里面靠近胚胎的叫羊膜，外面的叫浆膜（绒毛膜）。羊膜是无血管的透明膜，羊膜腔中充满羊水，保护胎儿，避免粘连；羊膜肌肉层会促进胎儿运动，从孵化三四天起就开始有规律地收缩。羊膜随胎儿生长而扩大，但羊水达到一定量后，不再增多。羊水在孵化第八天前是透明的无色液体，以后逐渐变成淡紫色。第十二天时由于从浆羊膜道输入蛋白，羊水明显黏稠，胎儿吞食羊水中的蛋白，通过消化道吸收蛋白营养。

浆膜（绒毛膜）只是一种结构，没有功能，尿囊形成后，绒毛膜翻转和尿囊共同形成尿囊绒毛膜，包围整个蛋内容物。绒毛膜因无血管，解剖时很难看到。

（3）尿囊　孵化第二天末出现，从后肠的后端腹壁形成一个突起，而后迅速增大，第六天尿囊达到蛋壳表面。第十至第十一天，尿囊包围整个蛋内容物，并在蛋的小头合拢。尿囊的主要功能有3个：紧贴蛋壳膜，吸收蛋壳中的矿物质；通过气孔，进行气体交换（呼吸作用与肺泡相类似），排出二氧化碳，吸收氧气；贮存代谢产物。前期代谢废物主要为尿素，后期为尿酸。

三、孵化条件

1. 孵化温度条件

温度是鸡胚孵化的首要条件。只有在适当的温度条件下，鸡胚才能正常发育。柴鸡孵化期（1～18天）的最适温度为37.8℃，出雏期（19～21天）的适宜温度为37～37.5℃。一般孵化温度较高，鸡胚的发育加快，但雏鸡较弱。温度超过41.5℃，胚胎的死亡率迅速增加。温度低至24℃，30小时胚胎全部死亡。孵化有恒温孵化和变温孵化两种。恒温孵化适合种蛋数量有限、小批量分批入孵，一般设定37.8℃。变温孵化适合批量生产，整批入孵，采取逐渐降低温度的方法，0～2天38.1℃，3～5天38℃，6～8天37.8℃，9～14天37.7℃，15～18天37.6℃，落盘后37.3℃。冬季各阶段均提高0.1℃。

2. 孵化湿度条件

湿度与蛋内的水分蒸发与鸡胚的物质代谢有关。孵化的早期，适宜的湿度可使胚胎受热均匀良好；孵化末期，提高湿度有利于散热和雏鸡啄壳。一般要求孵化期（1～18天）相对湿度为50%～55%，出雏期（19～21天）的适宜相对湿度为65%～70%。湿度可以通过湿度计来进行测量，现代孵化设备实现了湿度的自动调节。

3. 通风条件

通风的目的是为鸡胚发育提供必需的氧气，排除鸡胚的代谢废气（主要是二氧化碳）。在孵化初期（1~5天），胚胎的气体代谢、交换较弱，可完全关闭进、排气孔；在孵化的中后期，随着胚龄的增加，要逐渐打开气孔，加大通风量。通风的要求，蛋周围二氧化碳的浓度不能超过0.5%，否则会出现胚胎发育迟缓、死胚和畸形胚胎等现象。

4. 翻蛋

翻蛋就是改变种蛋的孵化位置和角度。翻蛋的目的有：①避免鸡胚与蛋壳膜粘连。②保证种蛋各部位受热均匀，供应新鲜空气。③有助于鸡胚的运动，促进发育。在孵化的早期翻蛋更为重要。蛋盘孵化时，每次翻蛋的角度以水平位置前俯后仰各45°为宜，每2小时翻蛋1次。炕孵、缸孵时，翻蛋更为重要，一般主要改变蛋的孵化位置，保证受热均匀。

第二节　鸭的孵化技术

一、种蛋的管理

种蛋的质量的优劣直接影响孵化的效果和雏鸭的品质，而种蛋的质量又受种鸭的质量和营养的影响。为了获得最高的孵化率和最优的雏鸭，首先必须加强种鸭的饲养管理和繁育工作，才能提供高质量的种蛋。同时，要做好种蛋的选择、包装、保存、运输和消毒等工作。

1. 种蛋的收集

鸭为群养，一般不设置产蛋箱，蛋直接产在垫草或地上，而且鸭为夜间产蛋，母鸭产蛋时间多集中在凌晨3~5点，所以蛋产出后要及时收集，可以减少破损和蛋壳的脏污。冬季，鸭舍内温度较低，及时收集种蛋还可以防止种蛋受冻。

2. 种蛋的选择

（1）蛋源选择

所选种蛋应来源于高产、健康的种鸭群。对于种鸭要有科学的饲养管理，严格的免疫和防疫制度，喂以营养全面的饲料。种鸭必须健康，患病期间以及患病初愈时所产蛋均不能留作种用。种蛋的品质要好，受精率、孵化率高，没有经过蛋垂直传播的疾病。

（2）外观性状选择

1）对蛋重的选择　种蛋要有合适的蛋重，过大蛋的孵化率往往较低，雏鸭出壳晚，腹部膨大，腿脚软等；而过小的蛋出壳早，腹部硬的情况多，均不适宜种用。鸭蛋的蛋重根据品种特征，要求在本品种标准±10%范围内。同一批孵化的蛋要求蛋重均匀。

2）对蛋壳质量的选择　要求蛋壳质地致密均匀，无破损，蛋壳表面光滑，蛋壳厚度合适，均匀。鸭蛋蛋壳厚度 0.35～0.40 毫米，过薄、过厚、裂纹蛋、腰箍蛋、钢皮蛋、砂壳蛋都不适宜种用。

3）对蛋形的要求　鸭蛋蛋形应为卵（椭）圆形，蛋形指数（蛋的纵径/横径）1.36～1.42。过长、过圆、腰箍等畸形蛋，孵化率低，都不能留作种蛋。

4）对蛋壳颜色的要求　蛋壳颜色是品种的一个非常重要的特征，要求蛋壳颜色要符合本品种的特征。孵化时，白壳蛋和青壳蛋应分开孵。

5）对蛋壳表面清洁度的要求　要求蛋壳表面清洁、无污物。蛋壳表面黏附过多的脏物时，病原菌繁殖速度很快，会通过蛋孔进入蛋内，导致胚胎活力下降，甚至死亡。如果蛋壳表面黏附脏物较少时，可用干布擦拭后使用。过脏的蛋要经过清洗、消毒才可入孵。

养殖场应做好垫料的管理，及时清除过脏或过于潮湿的垫草，所用垫草要及时翻晒或加铺，保持其清洁干燥，减少种蛋的污染。

（3）听音　用两手各拿 2～3 枚蛋，轻轻转动 5 指，使蛋互相轻轻碰撞，听其声音，声音脆的即是完好蛋，有破裂声即是破损蛋。

（4）嗅味　嗅蛋的气味是否正常，有无特殊臭味，从中可剔除臭蛋。

（5）透视法　对种蛋的蛋壳结构、蛋壳是否有裂纹，气室大小、位置、气室是否固定，蛋黄颜色、蛋黄膜是否完整，蛋白、系带完整程度，是否有血斑或肉斑等情况，通过照蛋器做透视观察，对种蛋做综合鉴定，这是一种准确而简便的观察方法。

（6）抽检剖视法　多用于外购的种蛋。随机抽取几枚种蛋，将蛋打开，倒在衬有黑纸的玻璃板上，观察新鲜程度及有无血斑、肉斑。新鲜蛋，蛋白浓厚，蛋黄高突；陈蛋，蛋白稀薄成水样，蛋黄扁平甚至散黄，一般只用肉眼观察即可。对于种蛋则需要用蛋白高度测定仪测定蛋白品质，计算哈夫单位；用卡尺或画线卡尺测蛋黄品质，计算蛋黄指数（蛋黄指数 = 蛋黄高度÷蛋黄直径），新鲜的种蛋，蛋黄指数为 0.401～0.442；用工业千分尺或蛋壳厚度测定仪测量蛋壳的厚度。此法多在孵化率异常时进行抽样测定。

3. 种蛋的消毒

（1）种蛋消毒的目的　种蛋消毒的目的是为了杀灭蛋壳表面的微生物。

种蛋产出后，往往被粪便、垫料、环境所污染，其表面细菌，尤其是霉菌繁殖速度很快，随着存放时间的延长，其污染程度加重。据测定，刚产出的蛋，其表面的细菌很少，经 1 小时后就可繁殖增加几十倍。若不及时杀灭，蛋壳表面的细菌就会通过气孔侵入蛋内，作用于蛋的内容物，降低种蛋的孵化率和雏鸭质量，同时还会污染孵化设备，传播各种疾病。所以，种蛋产出后应当尽快进行消毒，杀灭其表面附着的微生物。

种蛋消毒的原则：一要对施行消毒的工作人员无害，二要不损伤种蛋胚胎，三要杀灭细菌和病毒干净彻底。

（2）种蛋消毒的时间　为了保证消毒的效果，生产中种蛋消毒至少要做两次：第一次是在种蛋收集回来后马上消毒，此时可将吸附在蛋壳表面的微生物尽快杀灭；第二次是在种蛋入孵时再进行一次消毒，杀灭种蛋贮存过程中吸附在蛋壳表面的微生物。

（3）种蛋的消毒方法　种蛋的消毒方法大体可分为气体熏蒸毒、消毒药液浸泡或喷洒、紫外线照射3大类。

1）气体熏蒸消毒

福尔马林、高锰酸钾熏蒸消毒法

在专用的种蛋消毒室内，每立方米空间用福尔马林溶液28毫升、高锰酸钾14克，根据消毒容积称好高锰酸钾放入陶瓷、玻璃或不锈钢容器内（其容积比所用福尔马林溶液大至少4倍），再将所需福尔马林量好后一同倒入容器内。当两种药液混合时，人员要迅速离开，同时将室内密闭30分。消毒结束后，要及时排出余气。此方法适用于各次消毒。

如果没有专用的种蛋消毒室，也可以在鸭舍内或其他合适的地方设置一个箱体，箱的前面用塑料布，可以方便地开启和封闭，距地面30厘米处架设钢筋或木棍，其下面放置消毒盆，上面放置蛋盘，来进行消毒。对于整批入孵的，也可将种蛋直接装入孵化机中，在孵化机内进行熏蒸消毒。

注意：一是消毒的空间密闭要好，一般舍温在26℃，相对湿度在80%以上时，消毒效果最好。二是熏蒸消毒只能对外表清洁的种蛋有效，因此对种蛋中的脏蛋应挑出后，用湿布擦洗干净，若脏蛋较多，可用0.1%的新洁尔灭溶液浸泡5分后洗去脏物。

2）消毒药液浸泡或喷洒消毒　孵化量少的种蛋消毒可用新洁尔灭药液浸泡或喷洒法。将新洁尔灭原液配制成浓度为1%的新洁尔灭溶液，把种蛋放入该溶液中浸泡5分，捞出沥干入孵。如果种蛋数量多，每消毒30分后再添加适量的药液，以保证消毒效果。或用喷雾器喷洒在种蛋表面，晾干后入孵。因鸭蛋中脏蛋较多，故该法较为常用。生产中还可用0.05%的高锰酸钾或0.1%的碘溶液浸泡种蛋消毒1分。

3）紫外线照射消毒法　入孵前，将蛋盘先置于紫外线灯下照射1~2分，蛋距灯20厘米；然后再把灯置于蛋盘下方向上照射，把蛋的背面再照射1~2分。这种方法照射不到的部位没有消毒效果，因此紫外线照射消毒的效果不如上述几种方法。

4. 种蛋的贮存

种蛋愈新鲜，孵化率愈高，一般以产后 3~5 天为宜，贮存超过 4 天，每增加 1 天，孵化率下降 4%，孵化时间延长 30 分。种蛋贮存 1 周内为宜，超过 2 周，孵化率下降极快。种蛋贮存要有专门的贮存室，种蛋贮存室要隔热、密闭，能防蚊蝇老鼠，干净无杂物，室内不可有阳光直射，不能有穿堂风。种蛋贮存室要定期消毒，保证室内环境中较低的微生物含量。

（1）贮存室的温度　胚胎发育的临界温度为 23.9℃，当种蛋贮存环境温度超过此温度时，胚胎即开始发育，由于无法获得合适的其他条件，最终导致胚胎发育过程中胚胎的死亡。相反，若保存种蛋的温度过低，胚胎受冻，也会导致胚胎的死亡。

种蛋保存的适宜温度为 11~18℃，若保存时间不超过 1 周可采用上限温度，若保存时间较长则用下限温度。

（2）贮存室的湿度　种蛋保存要求的相对湿度较高，一般为 75%~80%。种蛋贮存过程中，蛋内水分会通过气孔不断蒸发，如果环境湿度过低，则蛋内水分蒸发速度过快；如果环境湿度过高，种蛋容易发霉变质。

（3）种蛋码放　种蛋小头向上放置可提高孵化率。据试验，保存 1 周内的种蛋，小头向上比大头向上存放能提高孵化率 7%。

（4）贮存期间的翻蛋　种蛋贮存期间的翻蛋是为了防止胚胎与壳膜粘连，以免早期死亡。一般认为，种蛋保存 1 周以内不必翻蛋，超过 1 周每天翻蛋 1~2 次。如果是贮存在蛋架车上的，翻蛋比较容易，如果是装在蛋箱中的则需要逐箱翻动。

大型现代化孵化厂应备有空调机，可自动制冷和加湿，以保持种蛋贮存库的温、湿度适宜。种蛋贮存 7 天内，可不翻蛋，若保存时间超过 1 周，则每天翻蛋 1~2 次。

（5）贮存过程中的记录　种蛋贮存室内要有专人负责每天的记录，尤其是大型的孵化场，种蛋贮存室内种蛋数量和批次都很多，每天要登记好入库种蛋的编号、日期等相关数据。

5. 种蛋的包装与运输

（1）种蛋的包装　种蛋如需长途运输必须做好相应的保护措施，如果保护不当，往往引起种蛋的破损和系带的松弛、破裂、气室变化等，致使孵化率下降。

种蛋的包装最好选用专用蛋箱，也可用纸箱或竹筐。蛋箱内可加纸或塑料制的蛋托，纸箱内也可用硬纸片做成方格，每格放一枚蛋，两层之间用纸片隔开；用竹筐装蛋，在四周应放上一层垫料，一层蛋一层垫料，蛋与蛋之间的空隙用垫料塞满，垫料可用锯末、稻草、糠壳、刨花等，但要注意垫料要干净、卫生，防止污染种蛋。装箱时不能有太大的空隙，防止搬运时种蛋晃动而造成蛋壳破裂。

种蛋包装所使用的用品要求干净、防潮、防震荡。包装箱外应有生产厂家、生产日期、品种、数量等相关信息。

同一场内循环使用的塑料蛋箱和蛋托，每次用过后，要在孵化场内彻底消毒后才能运回种鸭舍，防止疾病的传播。

（2）种蛋的运输　种蛋在运输过程中要求平稳、快速、安全可靠，种蛋破损少。严防震荡、日晒、受冻和雨淋。长距离运输最好空运，有条件可用空调车，温度为 12～16℃，相对湿度为 75%。车辆大小要适宜，以本场实际生产能力而定。在路况不好时行车速度要慢，减轻颠簸，同时禁止急刹车。种蛋运抵孵化场后，要马上组织人员卸车，剔除破损蛋并清点数量和记录。种蛋运抵孵化厂后，不要马上入孵，待静置一段时间后再上蛋孵化。

二、种蛋孵化条件

1. 孵化温度条件

在整个受精卵发育过程中，各种物质代谢都是在一定的温度条件下进行的。在孵化过程中受精卵发育对温度的变化非常敏感，合适的孵化温度是蛋鸭受精卵正常生长发育的保证，正确掌握和运用温度是提高孵化率的首要条件。

（1）温度对受精卵发育的影响　蛋鸭受精卵发育的适宜温度为 37～38℃，温度过高过低都同样有害，严重时造成胚胎死亡。一般来说温度较高胚胎发育较快，但较弱，胚外膜血管易充血，如果温度超过 42℃经过 2～3 小时以后则造成胚胎死亡。反之，温度较低，则蛋鸭受精卵的生长发育延缓，如温度低于 24℃时经 30 小时蛋鸭受精卵便全部死亡。

不同胚龄对不适温度的耐受力是不同的，受精卵发育早期，个体较小，发育速度慢，自温低，这时低温对受精卵的影响就很大。相反，在受精卵发育的后期，物质代谢产生大量的热，受精卵自温高，这时受精卵对低温的耐受力就大大增强。同样，当温度过高时，小胚龄的耐受力就远远大于大胚龄的种蛋。

种蛋的最适孵化温度受多种因素影响，如蛋的大小、蛋壳质量、鸭种、品种、种蛋的贮存时间、孵化期间的空气湿度、孵化室温度、孵化季节、受精卵发育的不同时期、孵化机类型、孵化方法等。

（2）恒温与变温孵化

1）恒温孵化　在整个孵化过程中，孵化器内的孵化温度始终保持恒定不变，在出雏器内的温度略降低的一种孵化方法。此法要求种蛋要分批入孵（即在一个孵化器内有多个日龄的胚蛋），靠孵化机内不同胚龄的蛋互相传导温度来为种蛋提供孵化的适宜温度。恒温孵化的节能效果明显，还可节省劳力和场地面积。

恒温孵化适于种蛋来源少，需要进行分批入孵的施温方法。但这种方法使用时一定要做好生产记录，不同胚龄的蛋不要混淆。同时还要防止疫病的交叉感染。

2）变温孵化　也称降温孵化，即在孵化期，随胚龄的增加逐渐降低孵化温度，使蛋符合受精卵代谢规律，同时使胚胎能在较低的温度下继续正常发育，还可为受精卵提供更为洁净的孵化环境，减少交叉污染，便于彻底清扫和消毒。也能降低生产成本及管理费用等，适于种蛋来源充裕，孵化生产旺季时整批入孵所采用的施温方法。

恒温和变温孵化施温方案

室温 （℃）	入孵温度（℃）					出雏温度 （℃）
	恒温	变温				
	1～24 天	1～5 天	6～11 天	12～16 天	17～23 天	24～25 天
23.9～29.5	38.1	38.3	38.1	37.8	37.5	37.2
29.5～32.5	37.8	38.1	37.8	37.5	37.2	36.9

变温孵化温度控制的总体原则是"前高、中平、后低"，这主要是由于孵化的前期、中期、后期蛋内胚胎产生的温度逐渐增加，为了防止蛋内温度过高而设定的。

正确掌握和使用测温方法才能如实反映孵化的真实温度，也是取得最佳孵化效果的保证。测定孵化温度的方法，一是用孵化温度计测温，二是用眼皮测温。眼皮测温要经过一定时间反复实践，不断积累经验。另外，有些孵化设备的显示温度与机内的实际温度有差异，这必须在孵化实践中加以注意，并进行调整或标记，以免影响孵化效果。

2. 孵化湿度条件

（1）湿度对胚胎发育的影响　湿度的作用不及温度重要，但适宜的湿度对鸭受精卵发育是有益的，适宜的湿度有助于蛋内水分的蒸发，使鸭受精卵发育的物质代谢正常进行，同时适宜的湿度在孵化初期能使鸭受精卵受热良好，孵化后期有益于胚胎散热。在出雏期间，湿度与空气中的二氧化碳作用，使蛋壳的碳酸钙变成较脆的碳酸氢钙，有利于雏鸭啄壳破壳。

孵化过程中，如果湿度过低，即空气过于干燥，则蛋内水分蒸发速度过快，容易造成鸭受精卵与蛋壳膜的粘连；如果湿度过高，蛋内水分蒸发速度变慢，鸭受精卵发育后期蛋内水分含量过高，会导致鸭受精卵呼吸受阻甚至死亡。尤其是要防止高温高湿或高温低湿。

（2）孵化湿度的控制　孵化期间湿度控制的原则是"两头高、中间低"。孵化初期相对湿度要控制在 65%～70%，孵化中期控制在 60%，出雏前则以 65%～70% 为宜。湿度的调节，是通过放置水盘多少、控制水温和水位高低或确定湿球温度来实现的。湿度偏低时，可增加水盘，提高水温和降低水位，出雏期间如果湿度不够可直接向蛋表喷温水；湿度过高时，应除去供水设备，加强通风，切忌地面喷水。孵化室内环境湿度对孵化器、出雏器湿度有一定影响，要求孵化室、出雏室相对湿度为60%~70%。

3. 通风条件

通风的目的是为了调节机内的空气质量，供给胚胎生长发育所需的氧气，排出二氧化碳。受精卵对空气的需要量后期为前期的110倍，若氧气供应不足，二氧化碳含量高，会造成胚胎生长停止，产生畸形，严重时造成中途死亡。通风还可使孵化器内温度均匀，有助于受精卵均匀受热。在孵化中后期，通风还可及时将机内聚积的多余热量带走，帮助胚蛋驱散余热，防止自温超温。

（1）空气质量对胚胎发育的影响　空气中氧气含量为21%，二氧化碳含量为0.4%时孵化率最高。要求氧气含量不低于20%，否则，每减少1%，孵化率下降5%；二氧化碳含量超过0.5%，孵化率开始下降。

（2）通风换气的控制　孵化初期，可关闭进、排气孔，随胚龄增加，逐渐打开，至孵化后期进、排气孔全部打开，尽量增加通风换气量。孵化过程中要注意观察通风过度或通风量不足两种情况。在孵化期间特别是在孵化前期，若加热指示灯长时间发亮，说明孵化器内温度达不到所需的孵化温度，通风换气过度。若恒温指示灯长亮不灭，或者发现上一批种蛋发育正常但在出雏期间闷死于壳内或啄壳后死亡，证明通风量不足，应加大通风换气量。

4. 翻蛋

即改变种蛋的孵化位置和角度，这是人工孵化获得高孵化率的必要条件之一。

（1）翻蛋的作用　翻蛋在鸭蛋孵化过程中对受精卵发育有十分重要的作用。因为蛋黄含脂肪较多，比重较轻，总是浮于蛋的上部。而胚胎位于蛋黄之上，长时间不动，胚胎容易与蛋壳粘连。翻蛋既可防止胚胎与蛋壳粘连，还能促进胚胎的活动，保持胎位正常以及使蛋受热均匀，发育整齐、良好，帮助羊膜运动，改善羊膜血液循环，使胚胎发育前中后期血管区及尿囊绒毛膜生长发育正常，蛋白顺利进入羊水供胚胎吸收，初生重合格。因此，孵化期间，每天都要定时翻蛋，尤其孵化前期翻蛋作用更大。

（2）翻蛋次数　有自动翻蛋装置的孵化机，每1~2小时翻蛋1次；土法孵化，可4~6小时翻蛋1次。

在孵化器内温度均匀的情况下，每天翻蛋次数超过12次，对提高孵化效果没有明显影响。若孵化器内温差较大（0.5℃以上），适当增加翻蛋次数，可以使机内不同部位的胚蛋受热均匀。孵化后期、落盘之后，不需要再翻蛋。因胚胎全身已覆盖绒毛，不翻蛋不致影响胚胎与蛋壳粘连。

（3）翻蛋角度　翻蛋的角度在50°~55°位置（以水平位置前俯后仰或左翻右

翻）。与鸡蛋孵化相比，在孵化鸭蛋时，翻蛋的角度要适当大一些。若翻蛋角度小，容易使胎位不正，造成雏鸭在蛋的中部或小头啄壳。专门用于孵化鸭蛋的孵化器会考虑到翻蛋装置的特殊性，如果用孵化鸡蛋的孵化设备孵化鸭蛋，孵化效果会有一定的影响。现在有专用鸭孵化的孵化设备，翻蛋角度大，孵化效果好。

5. 晾蛋

（1）晾蛋的适用范围　种蛋孵化到一定时间，让胚蛋温度下降的一种孵化操作。因胚胎发育到中后期，物质代谢产生大量热能，需要及时晾蛋。所以，晾蛋的主要目的是驱散胚蛋内多余的热量，还可以交换孵化机内的空气，排除胚胎代谢的污浊气体，同时用较低的温度来刺激胚胎，促使其发育并逐渐增强胚胎对外界气温的适应能力。

鸭蛋含脂肪高，物质代谢产热量多，必须进行晾蛋，否则，易引起胚胎"自烧死亡"。若孵化机有冷却装置可不晾蛋。

（2）晾蛋的方法　鸭蛋孵化16～17天，打开孵化器的机门，关闭电热，打开风扇，甚至抽出孵化盘、喷洒冷水等措施都属于晾蛋。

每天晾蛋的次数，每次晾蛋时间的长短根据外界温度（孵化季节）与胚龄而定，一般每天晾蛋1～3次，每次晾蛋15～30分，以蛋温不低于30℃为限，将晾过的蛋放于眼皮下稍感微凉即可。

晾蛋的具体操作

①整批入孵的晾蛋一般在合拢后的孵化中期，采用不开机门、关闭热源、开启风扇的方法；封门前的孵化中后期采用打开机门、关闭热源、开启风扇甚至抽出孵化盘喷水等措施。

②分批入孵的晾蛋是将需要晾蛋的种蛋从孵化器内取出进行晾蛋，不需要晾蛋的继续留在孵化器内。

③有的孵化场采用土洋结合的方法，即18天前在孵化机内孵化，18天后改为摊床孵化，这种方法有利于晾蛋和喷水，也降低了劳动强度，孵化效果不错。喷水对于提高鸭蛋孵化率十分重要，喷水有助于降温同时可以使蛋壳变得更为松脆，使雏鸭更易于破壳而出。

---

6. 影响孵化率的其他因素

（1）海拔与气压　海拔愈高，气压愈低，则氧气含量低，孵化时间长，孵化率低。据测定，海拔超过1千米，对孵化率有较大影响。如增加氧气输入量，可以改善孵化效果。

（2）孵化方式 一般讲，机器孵化法比土法孵化效果要好；自动化程度高，控温、控湿精确的孵化机比旧式电机的孵化效果好。整批上蛋的变温孵化比分批上蛋的恒温孵化孵化率要高。

（3）孵化季节与孵化室环境 孵化器小气候受孵化室内大气候的影响，所以要求孵化室通风良好，温、湿度适中，清洁卫生，保暖性能好。孵化室的温度条件对孵化机内影响较大，孵化室内温度过高时，会影响孵化机的散热；孵化室内温度过低又会导致孵化机内温度的下降。孵化室的适宜温度为22~26℃。

孵化的理想季节是春季（3~5月）、秋季（9~11月），相对来讲，夏、冬季孵化效果差些。夏季高温，种蛋品质较差；冬季低温，种鸭活力低，种蛋受冻，孵化率低。据有关资料介绍，夏季（6~8月）绍兴麻鸭的种蛋受精率为86%，春季为92%。

三、孵化过程中胚胎发育的观察——照蛋

鸭孵化全过程解剖图如下：

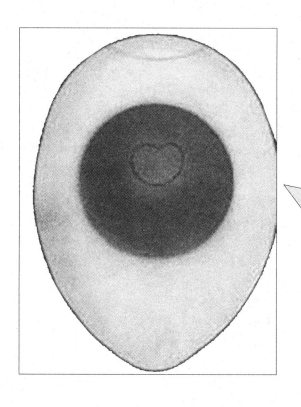

1~1.5天照蛋：蛋透明均匀，可见卵黄在蛋中漂动，无明显发育变化。卵黄表面出现一颗稍透亮的圆点，称"鱼眼珠"。

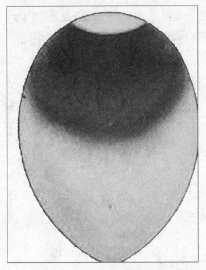

2.5~3天照蛋：卵黄囊血管区出现，形态很像樱桃，称为"樱桃珠"。

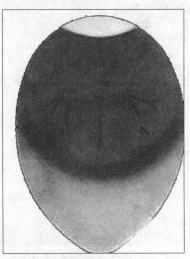

4天照蛋：卵黄囊血管区范围扩大达1/2，胚体形如蚊虫，称为"蚊虫珠"。

5天照蛋：卵黄囊血管贴靠蛋亮，卵黄不易转动，头部明显增大，胚体呈蜘蛛状，称为"小蜘蛛"。

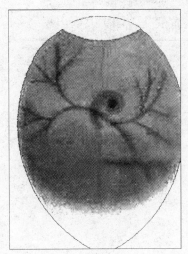

6天照蛋：卵黄的投影伸向锐端，胚胎极度弯曲，见黑眼珠，称为"单珠"。

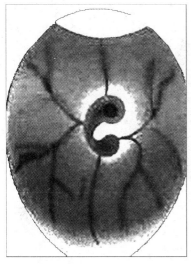

7～7.5 天照蛋：胚胎的躯干部增大，胚体变直，血管分布占蛋的大部分，称"双珠"。

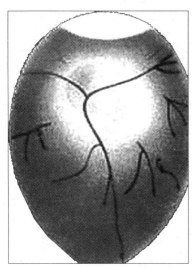

8～8.5 天照蛋：胚胎增大，羊水增多，胚胎在羊水中不易看清，称为"沉"。

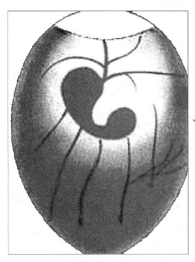

9～9.5 照蛋：正面可见胚胎在羊水中浮动，胚胎活动增强，称为"浮"。

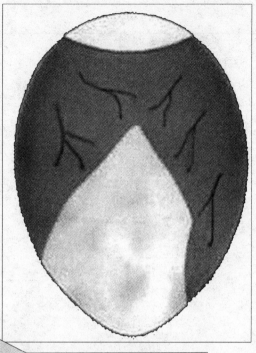

10.5～11天照蛋:卵黄两边容易晃动,背面尿囊向锐端伸展,锐端面有楔形亮白区,也称"发边"。

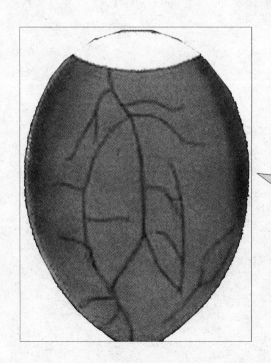

13～14天照蛋:尿囊血管伸展到达蛋的小头,称"合拢"。

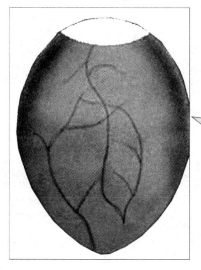

15天照蛋：胚蛋背面血管变粗,钝端血色加深,气室增大。

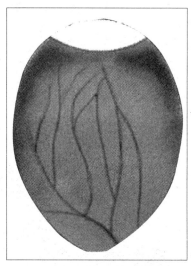

16-19天照蛋：气室逐渐增大，胚蛋背面的黑影已向小头端扩展,看不到胚胎。

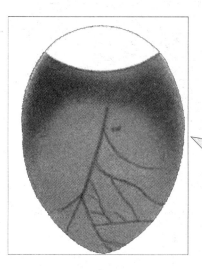

20~21天照蛋：胚蛋锐端看不见亮的部分,全黑,称为"封门"。

22~23 天照蛋：气室向一侧倾斜而且扩大，看到胚体转动，称为"斜口"。

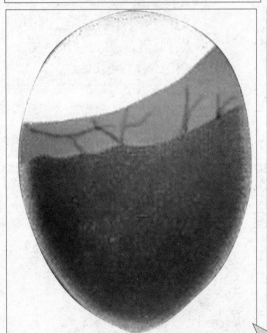

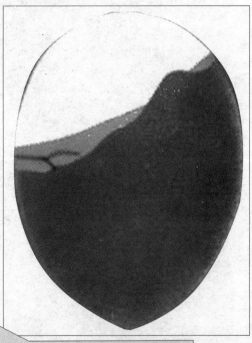

24.5～25 天照蛋：胚体黑影超过气室，似小山丘，能闪动，称为"闪毛"。

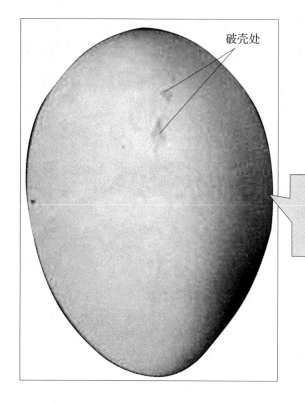

破壳处

25.5～27天照蛋：能听到雏鸭的叫声，雏鸭已开始啄壳，称为"叮壳"。

第三节 鹌鹑的孵化技术

一、种蛋

1. 种蛋保存的适宜温度

蛋产出母体外，胚胎发育暂时停止，随后，在一定的外界环境下胚胎又开始发育，当环境温度偏高，但不是胚胎发育的适宜温度时，则胚胎发育不完全和不稳定，容易引起胚胎早期死亡；当环境温度长期偏低（0℃），虽然胚胎发育处于静止状态，但胚胎活力严重下降，甚至死亡。一般种蛋保存适宜温度为 13～18℃，保存时间长，采用温度下限，保存时间短，采用温度上限。

2. 种蛋保存的适宜相对湿度

种蛋蛋壳上约有 7 500 个直径为 1.5～15 微米的气孔，种蛋保存期间蛋内水分通过这些小孔不断蒸发，其速度与贮存的湿度成反比。一般相对湿度保持在75%～80%，此外不要让阳光直射和穿堂风直吹种蛋。

3. 种蛋保存时间

种蛋即使保存在适宜的环境下，孵化率也会随时间的延长而下降。随着保存时间的延长，蛋白杀菌的特性下降。蛋内水分蒸发增多，改变了蛋内的 pH 值，引起蛋黄系带和蛋黄膜变脆，由于蛋内各种酶的活动，引起胚胎衰弱及营养物质变性，降低了胚胎生活力，残余细菌的繁殖危及胚胎，导致孵化率下降。一般认为种蛋保存时间以 5~7 天为宜，不要超过两周。

二、孵化条件

1. 孵化温度条件

孵化室的温度应保持 20~25℃，孵化期内的温度保持 38~39℃。季节与气温不同，孵化期内的温度可在 0.5℃ 左右的范围内变动。冬天孵化器的温度可提高 0.5℃，夏季则降低 0.5℃。另外，平面孵化机比立体孵化机的温度要高 0.5℃。

> **温度控制**
>
> 第一天至第六天，孵化器内温度控制在 39.5~39.7℃。
>
> 第七天至第十四天，孵化器内温度控制在 38.9~39.1℃。
>
> 第十五至第十七天，孵化器内温度控制在 38.6~38.9℃。

2. 孵化湿度条件

孵化的前中期相对湿度为 60%，后期为 70%，孵化到 15~16 天时，每天往蛋壳上喷洒 35℃ 的温雾水一次，使蛋壳易被啄破，利于出壳。为保持湿度，可在孵化器底层放置水盘或者湿毛巾。

3. 通风条件

通风主要在于供给胚胎氧气，排除二氧化碳。

方法是，通过孵化期的通气孔开关来调节，孵化前期将通气孔打开少许，中期打开一半，后期全打开。

三、鹌鹑胚胎发育过程

1 胚龄：蛋黄表面有一直径 0.7~1.1 厘米的大圆盘称为胚盘（未受精的蛋有一个白点称胚珠）。胚胎发育开始，气管原基出现。

2 胚龄：卵黄表面的卵黄囊血管形成，心脏开始跳动。

3 胚龄：胚体变成蚊子大小，眼球开始着色。四肢、尿囊、羊膜、胚体弯曲。

4 胚龄：胚体增大与卵黄囊血管形成蜘蛛样。胚胎头部大，眼睛特别大而明显，胚体呈弯曲状。

5 胚龄：眼睛色素加深，四肢开始发育，尿囊血管向小头延伸，羊水增多。喙部形成，但未角质化。

6 胚龄：胎动明显，躯干增长，尾部明显，眼球黑色素沉积明显，上喙尖端有一明显白色齿状突。

7 胚龄：卵黄囊吸收蛋白中的水分后达到最大值，可见眼睑。尿囊血管继续延伸扩展。

8 胚龄：尿囊血管加粗，颜色变深，胚胎下沉。体表长出绒毛，栗色羽鹌鹑背侧绒毛变黑，毛囊发育明显，呼吸系统发育，趾爪分开。

9 胚龄：胚胎呈现雏鹌形，喙尖齿状突明显角质化。尿囊包裹蛋的全部内容物，即尿囊血管在小头合在一起称"合拢"。

10 胚龄：胎毛遍布全身，继续生长，胚胎能动。栗羽鹌鹑出现黑色条纹。胚胎蛋白逐渐变少。

11 胚龄：胚胎继续发育，胚体增大，喙角质化，爪发白。气室变大，小头蛋白变得更少。

12 胚龄：胚体继续增大，内部器官及绒毛继续生长发育，卵黄部分吸入腹腔，蛋白吸收干净，俗称封门。

13 胚龄：胚体继续生长，蛋黄利用加快，羊水、尿囊液开始变少，气室变斜。

14 胚龄：躯干增长，脏器、肢体、绒毛继续发育，卵黄囊部分吸入腹内。

15 胚龄：喙进入气室，开始用肺呼吸，卵黄囊继续吸入腹内，有的开始啄壳。

16 胚龄：羊膜脱落，尿囊萎缩，卵黄囊全部吸入腹内。

四、机器孵化鹌鹑的过程

1. 孵化前准备

孵鹌鹑可用孵鸡的孵化器，孵化条件和设备与鸡基本相同，只是蛋盘的规格不同。孵鹌鹑使用的蛋盘条间距 2.5 厘米（比鹌鹑蛋的横径略小），孵化器孵鹌鹑的数量是孵鸡蛋数量的 2.3~2.5 倍。

孵化室应通风、保温。孵化前用 10% 的石灰乳粉刷墙壁，地面用 3% 的碱水刷洗，再用清水冲洗，晾干，并将全部孵化用具洗刷干净，放在孵化室中。洗净准备就绪的孵化器，还可以连同第一批鹌鹑蛋一起熏蒸消毒。孵化器除要洗刷消毒外，还要检查各部件性能是否完好。

（1）种蛋消毒　可先用 0.1% 的新洁尔灭溶液洗蛋（水温 34~36℃），再将种蛋放在消毒柜中，每立方米容积用高锰酸钾 15 克、甲醛 30 毫升熏蒸，温度 25℃，湿度 75%，消毒 30 分即可。种蛋消毒后，放在孵化室中预温 8~10 小时，方可入孵。

操作人员应戴橡胶手套，防止药物长期作用于皮肤对人体有害。

（2）码盘　将消毒后的种蛋小头朝下、大头朝上，这种放置称码盘。码盘时应气室朝上，防止将破蛋码入盘中。由于鹌鹑种蛋皮薄易破损，因此应轻拿、轻放，防止损伤蛋壳。

（3）照检　用照蛋器在黑暗条件下从蛋的大头透视，挑出裂纹蛋和破蛋，挑出游动气室蛋和气室不在大头的蛋。

（4）喷雾消毒　码盘、照检后的种蛋放置到蛋车上用喷雾器喷雾消毒。使用的消毒药不能对胚胎发育有害。

（5）预温　冬季、早春和晚秋季节，孵化室外的气温比孵化室内温度低，温差比较大。当从外地或种鹌舍运到孵化室内的种蛋开箱后，种蛋表面会凝结一层细小的水珠，这种现象称出汗。预温就是将种蛋放置在 25～30℃ 的室内，缓慢升温 24 小时，使蛋温和室温平衡。未经预温的种蛋入孵后会出汗，使孵化率下降。

（6）上蛋　种蛋码盘后将蛋盘放入蛋盘车上的蛋盘架内，再将蛋车或蛋盘放入孵化器的过程称上蛋。上蛋时应注意如下事项：

1）计算出壳时间　上蛋后约需 6 小时蛋温升至孵化温度，需 17～18 天出壳。出壳或拣雏时间以中午 12 点至下午 2 点为宜。这样出壳后，晚上 12 点以前可以接种完马立克疫苗。接种疫苗后雏鹌放置 4～6 小时，第二天清晨发货，可在白天将雏鹌运到目的地。

2）固定好蛋盘，防止脱盘　码盘后的蛋盘要放到蛋盘架上。蛋盘放到蛋盘架上时，用两手的大拇指卡住蛋盘，用两手的食指向外轻拉蛋盘，检查蛋盘是否放置到准确位置。有的蛋盘下面有钉，蛋盘架上有孔，钉与孔是相对的，上蛋时钉应插入到孔内。

3）蛋车推入孵蛋器内　与翻蛋装置相嵌合配套，蛋车要用刹车块固定，防止时间长了脱车。蛋车推入后，关好机门再开机，防止蛋盘脱盘。

4）熏蒸消毒　上蛋后将孵化机门、通风口关闭，用高锰酸钾和福尔马林熏蒸消毒 30 分。

2. 孵化

（1）照蛋　孵化期间，一般照蛋两次，第一次照蛋是在孵化后 5～6 天，取出无精蛋；第二次照蛋是在孵化后的 12～13 天，主要是除去死胚蛋。

（2）翻蛋　翻蛋的目的是防止胚胎与蛋内壳膜粘连，保持胚胎的水平衡，有利于胚胎外膜的生长。

平面孵化器，每 3～6 小时翻蛋 1 次。

入孵第二天至第十六天均需翻蛋，翻蛋角度为 90°，即左、右各转 45°。

（3）落盘　落盘一般在孵化 16 天，即鹌鹑出壳前一天。从观察窗口看到有 2%～10% 鹌鹑出壳时，将出雏器内温度降到 37.2～37.5℃。出雏期不宜经常打开机门。每打开机门 1 次，孵化率就下降一定的比例，出壳时间相应推迟。

（4）出雏与助产　孵化第十六天，会有部分鹌鹑啄壳，第十七天大量出壳，延续至第十八天出完。

出雏期注意事项

①到雏鹌出壳 80% 以上时打开机门，拣雏一次，第十八天最后 1 次拣雏。

②定温度，不能降温，保证相对湿度在 70% 以上。

③杜绝出雏期间打开机门观察出雏情况，确需观察时可通过观察窗进行。

④出雏室内的温度应保持在 25～28℃，以免拣雏后雏鹌受寒死亡。

⑤拣雏速度要快。每个运雏盒分 4 格，每格内装 25 只，放于 28℃、相对湿度 70% 的暂贮室内，接种马立克疫苗。未出壳的蛋重新放入出雏器内继续出雏。遇到破壳处发黄、羽毛变干、尿囊枯竭的情况时，要人工助产。人工助产时将鹌鹑的头拉出，让其自行脱去下部蛋壳。出壳完毕后，蛋壳和雏鹌分开放置，并尽快将蛋壳送到室外。

⑥出壳后的雏鹌不宜在出雏器内时间过长，不然会脱水死亡。应在最短的时间里将雏鹌运到育雏舍，放入保温箱内。

⑦准确清查出雏数量，统计出雏成绩。出雏结束后，清理、清洗和消毒孵化设施，统计分析孵化成绩，总结经验教训，以利进一步提高孵化成绩。

3. 雌雄鉴别

鹌鹑从外表上很难区别雌雄，可以采用肛门鉴别法、自别雌雄法和外貌特征来区分。

（1）肛门鉴别法　国际上通行此法，鉴别者须经专门训练，准确率高时可达 99%。

鉴别的姿势要求正确，轻巧迅速，并应在出雏后 6 小时内空腹进行。鉴别时，在 100 瓦的白炽灯光线下，用左手将雏鹌的头朝下，背紧贴手掌心，并轻握固定。再以左手拇指、食指和中指捏住鹑体，接着用右手食指和拇指将雏鹌的泄殖腔上下轻轻拨开。如果泄殖腔的黏膜呈黄色，其下壁中央有一小的生殖突起，则为雄性；如呈现淡黑色，无生殖突起，则为雌性。

初生雏鹌的泄殖腔黏膜色泽不一，致使鉴别准确性不足。加之雏鹌个体太小，保定与翻检泄殖腔易伤害鹑体，影响成活率与生长发育。因此，此法需要经验丰富的繁殖技术员。

（2）自别雌雄法　利用特定配套系和伴性遗传原理，按照初生雏鹌胎毛颜色而自别雌雄。如利用中国白羽鹌鹑与栗褐羽的朝鲜母鹑，或者与法国肉用母鹑杂交，其子代雏鹌淡黄色为雌性，栗褐色为雄性。据测定，自别雌雄的准确率为 100%，已在我国推广应用。

（3）外貌特征鉴定法　鹌鹑长到 3 周龄后，比较容易从外貌上鉴别雌雄。

雏鹌初次换羽后，只要羽毛生长正常，凡栗褐羽型仔鹑，雄性胸部开始长出红褐色的胸羽，其上偶有黑色斑点。

1月龄的仔鹑已基本换好永久羽。栗褐羽系鹌鹑，雄性在脸、下颌、喉部开始出现赤褐色，胸羽为淡红色，偶有少数小黑点，主腹部呈淡黄色，胸部较宽。有的已开始啼鸣。

雌性脸部为黄白色，下颌与喉部为白灰色，胸部密缀有许多黑色小斑点，其分布范围状似鸡心，整齐而素雅，腹部灰白色。尽管少数母鹑胸部羽毛底色酷似公鹑，可再检查其下颌与喉部颜色，即可正确鉴别。母鹑鸣声低而短促，似蟋蟀叫声。

第四节　家禽的人工授精技术

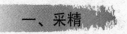
一、采精

家禽的采精方法，可分为截取法、按摩法、电刺激法和假阴道法。目前，国内外广泛应用的方法为按摩法。

截取法是于公禽交配前，在其泄殖腔外系上薄膜或橡皮集精器，于交配后收集精液。此法受自然交配的限制，易受环境因素的干扰。截取法采得的精液比按摩法在精液量和精子浓度上都低。

按摩法，目前各国应用中，虽有所改进，但仍与 Burrows 和 Quinn 二氏创立的方法大同小异。此法可分为背部按摩、腹部按摩和背腹部按摩三种方式。在开始训练公鸡时，一般需施行背腹部按摩，训练好的公鸡，一般只需背部按摩，即可采得精液，这样还可因减少腹部按摩引起的粪尿污染精液。

现就背腹部按摩法，分述如下：

鸡的采精法双人或单人均可采精。如为双人采精，一人用两手分别握着公鸡两腿，以自然宽度分开，使鸡头向后，尾部朝向术者，鸡体保持水平，松松夹于腋下。术者先以剪子剪去公鸡泄殖腔周围羽毛（第一次训练时），再以酒精棉球消毒泄殖腔周围，待酒精干后再进行采精。采精时，术者用右手中指和无名指夹着经过消毒、清洗、烘干的采精器，使器口在手心内，手心朝向下方，以避免按摩时公鸡排粪污染。左手沿公鸡背鞍部向尾羽方向，抚摩数次，以减低公鸡惊恐。接着术者左手顺势翻转手掌，将尾羽翻向背侧，并以拇指与食指跨在泄殖腔两上侧，右手拇指与食指跨在泄殖腔两下侧腹部柔软部，以迅速敏捷手法，抖动触摸腹部柔软处，然后迅速轻轻地用力向上抵压泄殖腔，此时公鸡性感强烈，翻出退化交接器，右手拇指与食指感到公鸡尾部和泄殖腔有下压之感，左手拇指和食指即可在泄殖腔两上侧做轻微挤压，精液即可顺利排出。与此同时，迅速将右手夹着的集精器口翻上，承接精液入集精器中。

单人采精，可设置一张高约70厘米、宽40厘米、长约50厘米的采精台，用简易活动保定带将公鸡保定在台上，公鸡是半蹲式，尾部略微抬起。然后术者按上述按摩法进行采精。

单人采精还可用别的方法保定，术者可坐在矮凳上，将公鸡两腿夹在术者两腿间，也可蹲在地上用左膝压在公鸡背上，使公鸡半蹲在地上采精。用于采精的公鸡，身体应健康，发育应正常，冠、肉垂发达而鲜红，性欲旺盛。蛋用型可在 6 月龄进行，兼用型可在 7 月龄进行。多数公鸡经 3~5 次训练后，即可顺利采精，少数公鸡第一次按摩就能排精，也有少数公鸡，虽经多次按摩训练，仍不能排精或量少而稀。选择公鸡时，可用拇指和食指刺激公鸡尾根，有翘起反射者，可望顺利采出精液。

采精公鸡应与母鸡隔离饲养，长期与母鸡群混养的公鸡，按摩排精条件反射很难建立。采精应有固定日程，如隔天采精或每周采 5~6 天，休息 1~2 天。按摩采精，术者应固定，不宜随时变动，以便容易建立起按摩排精的条件反射。采精前 3~4 小时，应停水停料，以减少粪尿对精液的污染。按摩刺激应适度，过重的刺激，特别是左手在排精时的挤压，容易引起排尿和过多的透明液。

公鸡的一次射精量，蛋用鸡为 0.2~0.3 毫升，兼用型和肉用型为 0.3~0.4 毫升，个别大型鸡一次可达 1 毫升。

二、输精

家禽的输精技术涉及输精次数与输精量，输精时间与输精部位等问题。许多研究表明鸡的输精每周 1 次，使用原精液 0.025~0.03 毫升（含精子 5 千万个至 1 亿个）即可获得高受精率。输精部位和深度，明显影响蛋的受精率。鸡和火鸡一般主张浅部输精，以输入阴道内 2~3 厘米为宜。

常规阴道输精的方法

一人用左手拇指与食指和小指与无名指分别夹着母鸡的两腿，使鸡胸部置于掌上，随即将手直立，使鸡背部紧贴自己胸部（握鸡者），鸡的头部向下，泄殖腔向上。然后用右手大指与其余手指跨于泄殖腔两侧柔软部分，用一巧力下压，同时左掌斜向上推，即可压迫泄殖腔翻出两个开口。鸡体左侧开口即为阴道口。然后另一人用一支 1 毫升注射器吸取精液，套上 4 厘米长塑料管一段，插入阴道口 3 厘米，将精液慢慢注入，握鸡者配合精液注入慢慢松手，以免精液溢出。

笼养种母鸡输精

一人用左手伸入笼内抓着母鸡双腿，拖到笼门口，右手拇指与其余手指跨在泄殖腔柔软部分上，用巧力压向腹部，同时握两腿的左手，一面向后微拉，一面用中指和食指在胸骨处向上稍加压力，泄殖腔立即翻出阴道口，另一人可立即输精，每输一只母鸡应换一个塑料管。

输精母鸡需在产蛋期间，输卵管开口才易翻出。每周可重复输精一次，可保证高的受精率。

冷冻精液输精

采取腹膜内输精法才能受精，一人将母鸡仰卧固定，用消毒过的5号长针头，上套1毫升注射器，从胸骨末端后1.5厘米处插入，针头做70°~80°倾斜向母鸡左侧卵巢囊方向输精。冷冻精液先在40~41℃水浴中快速解冻。输精前，先在上述部位注入1~2毫升青链霉素液，内含青霉素5万国际单位，链霉素5万国际单位。

三、家禽精液的稀释和液态保存

使用一定的稀释液稀释精液并保存于较低的温度（2~5℃），为精子造成一个适宜环境，降低代谢速率，从而保持精子的活力。稀释液的主要功能是供应精子的能源。

如果采得的精液马上使用而不做保存和运输，为给更多的母禽输精，此时可选用一些简单的稀释液，例如生理盐水、5.7%葡萄糖液、蛋黄—葡萄糖液（每100毫升含新鲜蛋黄1.5毫升，葡萄糖4.25克）。早期配制的短期保存家禽精液的稀释液的成分，是以精清中的无机离子和谷氨酸为基础，并适当添加果糖。

复习思考题

1. 造成畸形蛋的原因是什么？
2. 种蛋如何消毒？
3. 对照图示，观察种蛋孵化过程中，胚胎的变化。
4. 家禽人工授精如何操作？

第五章　畜禽繁殖力与繁殖障碍病

【知识目标】

1. 了解畜禽的繁殖力的评价指标。
2. 了解畜禽繁殖障碍病产生的原因。

【技能目标】

1. 掌握畜禽繁殖力各项指标的计算方法。
2. 掌握提高猪繁殖力的措施。
3. 掌握家畜繁殖障碍病的防治方法。

第一节　畜禽繁殖力

一、畜禽繁殖力的概念

畜禽繁殖力是衡量畜禽生殖机能强弱和生育后代能力的指标。它包括公畜禽的繁殖力和母畜禽的繁殖力。

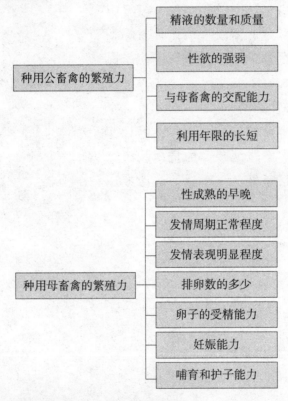

二、家畜繁殖力的指标和统计方法

除了交配需要公畜参与外，从受精、妊娠、分娩、哺乳到断奶整个孕育下一代的过程，主要是靠母畜完成的。因此，通常用母畜的繁殖力来反映畜的繁殖能力。

评价一个种群的繁殖力通常拿适繁母畜来衡量。适繁母畜是指从适配年龄开始到丧失繁殖能力为止的母畜。

注意：超前配种不能代表一个种群的繁殖力。

1. 家畜的繁殖力指标和统计方法

母畜的繁殖力通常用繁殖率表示。

繁殖率是指本年度断奶成活的子畜数占本年度适繁母畜数的百分比。它是反映家畜一个种群增殖效率的指标。

$$繁殖率 = \frac{断奶成活子畜数}{适繁母畜数} \times 100\%$$

繁殖率是一个综合指标，是受配率、受胎率、分娩率、产子率、子畜成活率的综合反映。繁殖力也可以用下列公式表示：

$$繁殖率 = 受配率 \times 受胎率 \times 分娩率 \times 产子率 \times 子畜成活率$$

（1）受配率 反映畜群内适繁母畜发情配种的情况。

受配率是指本年度参加配种的母畜占畜群内适繁母畜数的百分比。

$$受配率 = \frac{配种母畜数}{适繁母畜数} \times 100\%$$

（2）受胎率 反映母畜群中受胎母畜的比例。

受胎率是指本年度内配种后妊娠母畜数占参加配种母畜数的百分比。包括情期受胎率、总受胎率、不返情率。

1）情期受胎率 妊娠母畜头数占情期配种母畜头数的百分比。

$$情期受胎率 = \frac{妊娠母畜头数}{情期配种母畜头数} \times 100\%$$

2）总受胎率 最终妊娠母畜数占配种母畜数的百分比。每年配种结束后统计。

$$总受胎率 = \frac{受胎母畜数}{配种母畜数} \times 100\%$$

3）不返情率 在一定期限内，经配种后未再发情的母畜数占本期内参加配种母畜的百分比。一般用30天、60天和90天衡量，随着配种后时间的延长，不返情率越来越接近实际受胎率。如30天不返情率的计算公式为：

$$30 天不返情率 = \frac{配种后 30 天未返情母畜数}{配种母畜数} \times 100\%$$

（3）分娩率 本年度内分娩的母畜数占妊娠母畜数的百分比。

$$分娩率 = \frac{分娩母畜数}{配种母畜数} \times 100\%$$

（4）产子率 分娩母畜的产子数占分娩母畜数的百分比。

$$产子率 = \frac{分娩母畜的产子数}{分娩母畜数} \times 100\%$$

（5）成活率 本年度内断奶成活的子畜数占本年度产出子畜数的百分比。

$$成活率 = \frac{断奶成活的子畜数}{产出子畜数} \times 100\%$$

（6）其他指标 衡量家畜繁殖率的其他指标有产犊指数、产子窝数和窝产子数。

1）产犊指数 指两次产犊间隔的天数，常用产犊间隔平均数表示。可以衡量不同牛群的繁殖效率。

2）产子窝数　指猪在一年内产子的窝数。可连续几年计算，如2年产3窝，则年平均产子窝数为1.5窝。

3）窝产子数　指猪每胎产子的头数。

2. 家畜的正常繁殖力

指在正常饲养条件下，家畜所获得的最经济的繁殖力。事实上，一个种群的繁殖率很难达到100%，这就需要用一个标准来衡量一个种群的繁殖力。

（1）猪的正常繁殖力　猪的繁殖率很高，中国猪种一般产子10~12头，个别地方品种能产25头以上。年平均产子窝数1.8~2.3窝。母猪正常情期受胎率为75%~80%，总受胎率85%~95%。繁殖年限为8~10岁。

（2）牛的正常繁殖力　国外奶牛的标准是情期受胎率为60%，总受胎率为95%，产犊率间隔365天，产后第一次配种为65~75天，繁殖率为80%~85%。育成牛14~16月龄开始配种。

我国奶牛情期受胎率为40%~60%，总受胎率为75%~95%，分娩率为93%~97%，繁殖率为70%~90%。产犊间隔为13~14个月，母牛繁殖年限为4个泌乳期。

我国黄牛受配率为60%，受胎率约为70%，分娩率为90%，繁殖率为35%~45%。

（3）羊的正常繁殖力　绵羊在气候和饲养条件不良的高原地区繁殖率较低，一般产单羔；在饲养条件较好的低海拔地区，多产双羔或多羔。湖羊的繁殖率最高，其次是小尾寒羊，2年产3胎或1年产2胎，年平均2.5只，最多一年产7只。

山羊繁殖率高，多为双羔和3羔。

羊的受胎率为90%以上，繁殖年限为8~10年。

（4）兔的正常繁殖力　种兔的利用年限为2~3年。每年产4~5胎为宜，每胎产6只较好，成活率80%为好。

三、家禽繁殖力的指标和统计方法

1. 种蛋合格率

种禽在适宜的产蛋期内所产符合本品种、品系标准要求的种蛋数占产蛋数的百分比。

$$种蛋合格率 = \frac{合格种蛋数}{产蛋总量} \times 100\%$$

2. 受精率

受精蛋占入孵蛋的百分比。

$$受精率 = \frac{受精蛋数}{入孵蛋数} \times 100\%$$

3. 孵化率

一般用入孵蛋计算，即出雏数占入孵蛋数的百分比。

$$孵化率 = \frac{出雏数}{入孵蛋数} \times 100\%$$

4. 育雏率

育雏期末成活禽数占入舍雏禽数的百分比。

$$育雏率 = \frac{育雏期末成活禽数}{入舍雏禽数} \times 100\%$$

5. 平均产蛋量

家禽在一年内平均产蛋数。计算公式为：

$$平均产蛋量 = \frac{全年总产蛋数（枚）}{总饲养日（天）/365（天）}$$

6. 产蛋率

计算产蛋率有两种方法，一是母鸡饲养日产蛋率（也称鸡日产蛋率），一是入舍母鸡数产蛋率（也称鸡舍产蛋率）。例如某天圈存母鸡1 000只，产蛋600枚，其日产蛋率为62%。如果要计算1年或1个月的产蛋量及产蛋率就要复杂一些。

第二节　提高家畜繁殖率的措施

一、提高母羊繁殖率的措施

1. 加强饲养管理

母羊配种前的膘情和体重对多胎性有较大影响。抓好夏秋膘，给母羊加强营养，提高其配种前的体重，做到满膘配种，这样母羊发情整齐，排卵数量增加，可以提高受胎率和多胎性。对瘦弱母羊在配种前要加强补饲，尤其是小尾寒羊终年繁殖负担过重，使得多数母羊体况不佳，所以更应当常年加补饲料。

（1）精心养好母羊　母羊除四季放牧外必须补饲，特别是在配种季节、妊娠期和哺乳期更应如此。

补精料配方

干草粉50%，玉米粗粉20%，麦麸10%，熟黄豆粉5%，糠饼13%，贝壳粉1.5%，食盐0.5%。

母羊配种 30 天实行短期优饲，每天补精料 0.2 千克。瓜和菜类多汁料 0.5 千克。妊娠中后期及哺乳前期每天补精料 0.45 千克，干草 1 ~ 1.5 千克，青贮饲料 1.5 千克。条件许可将秸秆氨化或微贮后喂羊。饲喂原则是先料次草，后好草好料，料在出牧前，草在归牧后，料槽草架，少给勤添，冬春饮温水，夏秋饮井水。要求饲料新鲜洁净无霉烂，饮水洁净无毒。春季放牧控制羊群，防止"跑青"。顶风出牧，顺风放牧，牧前适补饲；夏季早出牧晚归牧，中午要休息防中暑；秋冬远处放牧晚归牧，霜天晚出牧晚归牧，雪天不放牧。怀孕母羊后期就地放牧。放牧中严禁鞭打急起惊吓，跨沟越栏防流产。孕羊有流产先兆，可用黄体酮 0.1 ~ 0.2 克，肌内注射，每天 1 次，连用 4 ~ 6 天。

（2）精心养好羔羊　羔羊分娩后 1 ~ 2 小时要吃足初乳；7 ~ 10 天可用吊草把、炒香料让羔羊早诱食，并饲喂切碎青草；15 日龄补喂麦麸、玉米等熟粥；30 天后用精料水拌湿生喂；50 天后添喂豆饼、骨粉、鱼粉等，供足饮水。8 天后羔羊在舍附近放牧；30 天起以放牧为主，精料为辅。加强运动，多晒太阳。母子不相识羔羊，将羔羊身上黏液抹入母羊口鼻端，诱导母羊舔羔。弱羔要加强母羊护羔，奶水不足可找单羔或死羔的母羊代哺或换哺。无奶母羊或找不到代哺母羊的羔羊实行人工哺乳。用鲜鸡蛋 2 个，鱼肝油 8 毫升或浓鱼肝油丸 2 粒，食盐 5 克，健康牛奶 500 毫升，适量硫酸镁配成。喂前现配并加温到 38 ~ 39℃，生后 4 周内每天喂 6 ~ 8 次，每次 50 毫升；5 周后每天 4 ~ 5 次，每次 100 毫升；9 周左右每天 2 ~ 3 次，每次 150 毫升。喂奶可用鸭嘴式奶瓶，哺乳器，训练自饮。绵羊在生后 3 ~ 7 天内采用胶皮圈紧缠在 4 ~ 5 个尾椎关节处结扎去尾。对不作种用公羔在产后 3 ~ 15 日龄结扎去势育肥。

2. 增加可繁殖母羊的比例

在羊群中，及时淘汰老龄羊和不孕羊，及时出栏不留种用的小公羊和小母羊，使可繁殖羊群的母羊数达 70 以上。一些羔羊育肥场，其羊群中可繁殖母羊应占 96% ~ 97%。可繁殖母羊在群比例大，成年母羊多，可提高整个羊群的繁殖力，有利于扩大再生产，并提高养羊的经济效益。

3. 引入多胎羊血统

对一些产羔率低的品种羊，引入多胎羊的血统，可以提高多胎性。

4. 多次交配、适时配种

（1）多次交配　母羊发情持续期为 1 ~ 3 天，一些多胎羊品种的母羊排卵数量多，但不是同时排出。因此利用重复配种、双重交配和混合输精，使所排出的卵子都有受精的机会，提高产羔率。

（2）适时配种　产羔母羊的初配年龄 10 月以上，公羊 8 月龄。绵羊体重达 40 千克以上，奶山羊 35 千克，肉羊 25 千克。一年产两胎可安排在春秋两季配种。母羊发情表现外阴潮红，流黏液，尾摇摆上翘，叫声不断，采食减少且不安定，应及时配种。俗有"老配早，少配晚，不老不少配中间"。自然交配按公母比为 1:（20~30）。人工辅助交配公母比为 1:（60~80）。也可实行人工授精技术，方法要科学正确。要求第一次交配后 12~24 小时重复配种一次，利于提高受胎率和产羔数。这样可达一年两胎或两年三胎，年均窝产子数在 2 只以上，有的高达 3~4 只羔羊。

5. 缩短母羊的空怀期

使母羊每 6~7 个月产一胎。商品羊场可适当缩短母羊的初次配种年龄，这样可使母羊一生的产羔数量增加。提早给羔羊断奶，哺乳期由 4 个月改为 2~3 个月，使母羊早发情再次配种，这是增加产羔数的有效方法。此项措施在一些羊肉生产国家被广泛采用，但必须对母羊和羔羊加强饲养管理。

6. 选留多胎母羊及其羔羊

选留第一胎、第二胎产的母羊，其以后胎次的产羔率也比较高，再选其所生的多胎羔羊留种，将来的多胎性也高。这是提高多胎性的重要途径。一般不留第一胎所产的羔羊为种羊，因为有不少地方母羊的初配年龄过早，第一胎羔羊发育较差，而且产单羔羊的不少。

根据用途选择高产优质种羊品种。肉羊如南江黄羊、四川麻羊、江苏湖羊，小尾寒羊等；奶山羊如瑞士莎能奶山羊，陕西关中奶山羊等；绵羊如新疆细毛羊，罗姆尼羊等。要求外来品种公羊 40 千克以上，母羊 30 千克以上；本地公羊 30 千克左右，母羊 20 千克左右。公羊体型标准健壮，背腰平直，胸深广，睾丸发育良好，雄性特征明显。母羊体型大，体格紧凑丰满，背腰平直，后腹部稍大，四肢端正，乳房及生殖器官发育良好。通过家系选留多胎的公母羔羊作种用。

7. 种公羊的饲养

种公羊的配种能力取决于健壮的体质、充沛的精力和旺盛的性欲。因此应保证蛋白质、维生素、矿物质的充足供给保持种羊适度的膘情。在配种前 1 个月，逐渐补饲玉米、麦麸、豆饼、骨粉等精料，每日补饲 0.5~0.75 千克，萝卜等瓜菜青绿多汁饲料 1.5 千克，鸡蛋 2 枚，供足饮水。非配种季种羊应单独放牧。种公羊每年只配种 1 次，以杜绝羊群四季产羔。

二、提高母猪繁殖率的措施

1. 春季选留种猪

春季留种的好处：一是春季温度适宜，母猪食欲旺，泌乳好，有利于子猪发育，断奶窝重大。二是断奶后青绿饲料来源丰富，有利于后备母猪培育，到秋末冬初可达到良好的配种体况。三是春季选留的母猪正好在第二年春季产头胎，可避免秋冬产胎易发的乙型脑炎。

2. 重视二元杂交母猪的选留

二元杂交母猪在繁殖上有明显的杂种优势，应重视对二元杂交猪的选留。选择时间一般是 2 月龄（根据同窝的子猪数、断奶重和奶头数量）、6 月龄（主要看个体生长发育和体型结构）和配种前。

3. 科学的饲养管理，保证种猪的正常繁殖机能

根据公、母猪的品种、年龄、个体特征以及本地区的环境条件等，制定科学的饲养管理制度，以保证公、母猪的正常繁殖机能，日粮最好采用种畜的全价配合饲料，切不可用发霉、变质原料配制饲料。日粮配方中应有足够的蛋白质饲料，适当辅以青绿饲料，合理的钙和磷比例。种猪还要有适当的运动，供给充足的饮水等，以保证公猪有旺盛的性欲，产生优质的精液，母猪能够正常发情、排卵和泌乳。

（1）加强种公猪的饲养管理 "公猪好一坡，母猪好一窝"。种公猪的饲养管理的好坏，不仅关系到公猪自身的体质和配种能力，更重要的是会影响母猪的受胎率、产子数和后代的品质。种公猪的饲养应根据饲养标准和各地饲料条件，进行日粮合理搭配，日粮体积要小些，占公猪体重的 2.5% ~ 3%（精料要多，粗料要少）。种猪每天上、下午各运动 1 小时，使公猪达到体质健壮、中上等膘、性欲旺盛，产生优良品质的精液，母猪受胎率高、产子数多。成年公猪每周使用 3 ~ 5 次，青年公猪每周使用 2 ~ 3 次，猪场公母比例要合适，比例过大，公猪负担过重；比例小，造成公猪浪费。实行季节性产子和本交的猪场，1 头公猪可负担 15 ~ 30 头母猪配种任务；实行人工授精的猪场，1 头公猪可负担 600 ~ 1 000 头母猪。可见，种公猪的饲养，在生产中的关键措施是经常保持营养、运动和配种利用三者之间的平衡。

（2）加强种母猪的各阶段饲养管理 在确保母猪体况正常的情况下，控制饲养，保持母猪肥瘦适中。喂料做到"二重"、"三轻"。"二重"即怀孕后期和哺乳期，多喂精料，青绿多汁和矿物饲料；"三轻"即怀孕初期空怀期和哺乳后期，多喂粗料，适量喂养精料，使母猪常年保持七八成膘。

4. 种猪的合理利用

种公猪的初配年龄应在 10 ~ 12 月龄，体重 110 千克以上。人工授精每隔 2 天采精 1 次；杂交初配公猪每周配种 2 ~ 3 次；成年公猪每天配种 1 次，连配 1 周休息 1 天，个体情况好可日配 2 次，两次间隔 6 ~ 8 小时。种公猪一般利用 3 年，优秀个体可延长至 4 年。种母猪初配年龄应在 8 ~ 10 月龄、体重 90 千克以上。经产母猪在子猪断奶后应有六七成膘，配种前加料，以恢复体力和膘情，并要适当加喂青绿饲料，以促进发情排卵。种母猪的利用年限一般不超过 8 胎，若继续利用，繁殖性能会逐步下降。

5. 实行季节繁殖性集中产子

应让繁殖母猪在每年春秋两季气温较适宜的时间产子。即在 11 月初至 12 月初配种，翌年 3 ~ 4 月产子；5 月初至 6 月初配种，9 ~ 10 月产子。这两个产子月份都是培育子猪的最好季节，也是母猪断奶后的较好配种季节，有利于提高受胎率和产

子数，子猪生长发育好。当然，具有良好的产房设施的猪场，可试行常年产子，以提高繁殖效率。

6. 掌握母猪适配时间，实行重复配种

实践证明，春夏之交母猪发情时间长，秋冬之交较短；头胎母猪发情持续期长，老龄母猪发情持续期短；地方猪发情明显，持续期长，引进猪种发情不明显，持续期短。因此应根据这一规律，在发情中期（即母猪阴部沾草，站立不动时）开始配种，并隔 8~12 小时再重复配种一次。

7. 母猪产后打一针

在夏、秋炎热雨季，母猪产后多发生乳房炎、子宫炎、阴道炎、产后热等产期病，有的继发肺炎，造成死亡。为预防产期多发病，可采取母猪产后迅速打一针的预防措施。方法是当母猪产子后，立即给其打一针（产后 12 小时内）氨基比林 10 毫升、青霉素 240 万~400 万国际单位、链霉素 1~2 克，混匀后于母猪颈部一次肌内注射，对预防上述四种产期病效果非常明显，并能避免继发肺炎而引起的死亡。

8. 为母猪创造良好的生活环境

猪场应该保持安静，并保持舍内卫生，做到清洁、干燥、空气新鲜、阳光充足，冬天可以晒太阳，夏天可以乘凉。

（1）空气质量的控制　在优良空气质量环境下生活的猪群对疫病有相对较高的抵抗力，空气质量差会造成猪打喷嚏、流泪、咳嗽等不良反应，还会造成母猪发情障碍现象。因此，保持猪舍空气畅通，改善母猪发情障碍，是提高繁殖率的途径之一。

（2）温度的控制　在气候生态因素中，母猪对热很敏感，其适宜温度是 22℃，因此易受热应激而发生繁殖障碍。特别是 30℃ 以上的高温，对母猪的繁殖机能有严重的不良影响。据报道，引起母猪的流产临界温度为 32℃，所以在生产中，当室温超过 30℃ 时，应提高日粮营养水平，添加电解质和维生素等抗应激物质，增喂青绿多汁饲料，采取圈舍淋水喷雾和通风等措施，改善内部小气候，减少母猪的热应激。配种时间宜选在早晚或夜间气温较低时进行。

（3）光照时间和光照强度的控制　母猪哺乳期间光照时间（日光或灯光）时间应达 16 小时以上，光度必须达到 3~6 瓦，这样可使母猪离乳窝重增加 6.4%，离乳后 5 天内发情率提高 2.2%。在生产中尤其是入秋后，猪舍光照不足应补充人工光，并且勤换灯泡，对提高母猪的繁殖力大有益处。

三、提高母牛繁殖率的措施

1. 积极治疗繁殖机能障碍

对异常发情、产后 50 天内未见发情的牛，应及时进行生殖系统检查，对确诊患有繁殖机能障碍的牛，应及时进行治疗。

2. 提高母牛受配率、受胎率

①提高适龄母牛比例，加强对基础母牛的保护，一般牛群中基础繁殖母牛应占50%以上，3~5岁的母牛应占繁殖母牛的60%~70%。定期清群、治疗或淘汰各类发情异常或劣质母牛，抓好母牛膘情，做好发情鉴定和适时配种工作，减少或避免漏配、失配、误配，提高母牛受配率。

②熟悉母牛繁殖情况，做好牛群登记组织工作。

③狠抓上年空怀母牛的适时配种，对上年空怀母牛，翌年早春来到时要充分注意母牛发情补配工作。

④抓好犊牛按时断奶工作，促进母牛性周期活动和卵泡发育，能提早发情，提高受配率。

⑤及时检查和治疗母牛不孕症，找出不孕的原因和发病规律，才能找出防治母牛不孕症的有效措施和方法。

⑥根据母牛不同的生理阶段，合理、全面、均衡、适量地提供营养成分，以满足母牛自身维持和胎儿生长发育、哺乳的需要，确保母牛处于良好的繁殖状态，过高过低的营养水平均会影响母牛发情受孕，导致代谢疾病。

3. 防止流产

①加强责任心，爱护怀孕母牛。

②对妊娠后5个月的母牛要精心饲养，禁止饲喂发霉、腐败、变质的饲料。

③加强管理，要熟悉母牛的配种日期和预产期，防止踢、挤、撞。

④对役肉兼用的母牛要合理使役，怀孕四五个月后要掌握使役强度，防止使役过重或急赶引起流产，临产前1~2个月停止使役。

4. 提高犊牛成活率

狠抓孕牛饲养管理，改善母牛的饲草、饲料品种，特别对长期喂麦秸和棉子饼者，冬春要加喂青干草或青贮饲料，春夏及早供应青草，有利于胎儿生长和犊牛成活。抓好接产、助产和初生犊牛护理和培育工作。

5. 推广应用繁殖新技术

目前母牛的发情、配种、妊娠、分娩、犊牛的断奶培育等各个环节都已有较为成熟的控制技术。如同期发情、超数排卵、冷冻精液、人工授精，诱发双胎、胚胎移植、性别控制、诱导分娩、冷冻胚胎、胚胎核移植、克隆技术等，都可以快速提高牛特别是良种牛的繁殖效率。

引进冻精时，要求所选公牛应具备良好的繁殖性能。引进后的冷冻精液进行包括精子活力、密度、顶体完整率等指标在内的精液品质检查；保证配种所用冻精的安全性和优质性。

母牛发情持续时间短，排卵出现在发情结束后，准确地把握配种良机，能大大提高受胎率。

四、提高种母兔繁殖力的措施

1. 加强选种工作

选择健康无病、性欲旺盛、母性好、生殖器官发育良好的母兔。留种仔兔最好从优良母兔的 3～5 胎中选留，乳头应在 4 对以上。产子少、受胎率低、母性差、泌乳性能不好的母兔，不能用于配种繁殖。家兔一般最适宜的繁殖年龄是 1～3 岁，3 岁以上除个别优秀种兔外，其余不宜再作种用。

2. 加强饲养管理

选种之后必须注意配种前后的饲养管理，要供给全价日粮，满足种兔的营养需要，以减少胚胎死亡和流产，提高种兔繁殖力。长期饲喂单一饲料或缺乏某些营养物质，或营养过度会导致种母兔过肥，都会降低其繁殖力。

管理不当，不仅会明显降低种兔的繁殖力，甚至引起严重的不育现象。日常管理中的突然声响，易引起兔群惊慌，可导致怀孕母兔流产或母兔性欲下降。

3. 注意适时配种

根据保温降温设施和当地气候条件，安排好配种季节与交配时间。比如，冬繁必须提供较多的青绿饲料，做好防寒保暖工作。以保证母兔体质健壮，有条件的地方一般可繁殖 1～2 胎。在冬季和早春控制好兔舍内的温度，是家兔正常繁殖的根本保证。实践表明，一般兔舍温度控制在 10℃以上，适宜温度为 15～25℃，而以春、秋两季母兔的受胎率最高，产子数最多。

最佳的配种时间是发情的中后期，此时母兔阴户湿润、肿大、多呈潮红色，交配容易怀孕。过早、过晚配种效果都不理想。配种当天也有一个适时问题，夏季早、晚配种较好，冬季则中午配种为宜。因为夏季早、晚和冬季中午气温相对适宜，兔子精神较佳。

4. 改进配种方法

母兔属刺激性排卵动物，是经公兔交配刺激后排卵的，所以应在第一次配种后间隔 8～10 小时再复配一次，即重复配种。第一次交配的目的是刺激母兔排卵，第二次交配的目的是正式受孕，这样可提高母兔受胎率和产子数。上午 8 点和下午 5 点左右配种为最佳时间。一只母兔连续与两只公兔交配，中间相隔时间不超过 20～30 分，这叫做双重配种。采用重复配种或双重配种，可使母兔受胎率提高 10%～20%，产子数增加 1～3 只，另外，对久不发情或拒配的母兔，可采用诱情法，即增加与公兔的接触次数，通过追逐、爬跨刺激，诱发母兔性激素分泌，提高受胎的机会。

5. 提高繁殖强度

饲养管理条件较好，母兔非常健壮时，可通过频密繁殖或半频密繁殖来提高繁殖强度，生产更多的商品肉兔，以提高经济效益。这是全世界肉兔饲养者的探讨热点，频密繁殖因配种时间距分娩产子时间较短，故这种配种俗称"血配"，国外试验母兔在产后1.5~2天配种，当子兔28天断奶后过3天就又生下一窝。不过一般认为，对商品兔可以实行密集繁殖，对种用兔则不宜产子过密。半频密繁殖是指母兔在产后12~15天内配种，可使繁殖间隔缩短8~10天，每年可增加繁殖3~4胎。

6. 防止疾病发生

母兔的繁殖力易受疾病的牵累，应加强兔舍内卫生防疫措施，以杜绝感冒、螨病、巴氏杆菌等疾病的发生。经常做到勤打扫兔舍、勤观察兔群，发生疾病后，病兔马上隔离治疗。

第三节　畜禽繁殖障碍病

一、繁殖障碍病的概念

（一）家畜繁殖障碍病

1. 公畜繁殖障碍

公畜繁殖障碍主要表现在先天性障碍、生育机能障碍、营养障碍、精液品质不高、生殖器官疾病等。

（1）先天性障碍　包括隐睾、睾丸发育不全。

1）隐睾　公畜的睾丸没有正常降到阴囊中，仍然滞留在腹腔或腹股沟内，由于温度高，影响精子产生。一侧睾丸正常的，虽有生育能力，但不宜留种；两侧睾丸都是隐睾的，一般没有生育能力。

2）睾丸发育不全　指公畜一侧或双侧睾丸的全部或部分曲精细管生精上皮未完全发育，导致生育障碍。

（2）生育机能障碍

1）性行为障碍　公畜受到惊吓、生理疾病、交配时母畜踢咬……都会影响公畜的性行为。

2）性亏损　交配过度会使公畜的性反射衰退，或不愿交配，或不射精，都是性亏损的表现。

（3）营养障碍　饲料差，公畜营养不良，缺乏运动，会降低精液品质和射精量；营养过剩会使公畜肥胖，不利于生育。

（4）精液品质不高　精液稀少，精子形态异常，精液长期保持，都不利于繁殖。

（5）生殖器官疾病　阴囊积水、精囊腺炎、包皮炎等都影响交配。

2. 母畜繁殖障碍

（1）先天性不育　包括生殖器官畸形、雌雄间性、种间杂交等。

（2）卵巢机能障碍　不排卵、持久黄体等。

（3）营养障碍　饲料搭配不合理，饲料单一，缺乏运动，都会造成营养失衡而引起不育。

（4）疾病　任何一种有反应的疾病，都会导致繁殖力下降。影响生育的常见疾病有子宫内膜炎、卵巢管炎、输卵管炎都影响繁殖。

（二）家禽繁殖障碍病

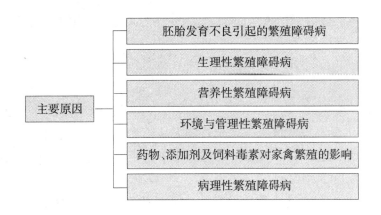

1. 胚胎发育不良引起的繁殖障碍病

（1）胚胎病的种类

1）传染性胚胎病　主要的传染性胚胎病有：①胚胎副伤寒。死胎肝有灰白色的小点，脾肿大，胆囊充满胆汁，死胚率可达85%～90%。②曲霉菌病。胚胎水肿、出血，肺、肝、心表面有浅灰色结节。孵化后期，种蛋有时会破裂，污染其他种蛋而扩大传染。③脐炎。多由化脓性球菌、大肠杆菌、伤寒杆菌污染脐部而引发，胚体表现脐环发炎、水肿，出壳后雏禽卵黄吸收不良，腹部膨胀而下垂。

2）营养性胚胎病　种母禽患有维生素 A 缺乏病、维生素 D 缺乏病、维生素 E 缺乏病及 B 族维生素缺乏病时，会造成胚胎发育不良，严重时造成死胚。程度较轻的可以孵出雏鸡，但体质较弱。

3）孵化技术不当引起的胚胎病　①温度过高：发生所谓"血圈蛋"。胚膜皱缩，常与脑膜连接在一起，呈现头部畸形。有时造成胚胎异位，内脏外翻，腹腔不能愈合。②温度过低：心脏扩张，肠内充满卵黄物质和胎粪，胚胎颈部呈现黏液性水肿。胚胎发育缓慢，出雏推迟。③湿度过大或过小：湿度过大，黏稠的胚胎液体形成凝固的薄膜，使幼雏不能呼吸而窒息死亡；湿度过小，胚胎生长不良，胚胎与胚膜粘连，出雏困难，幼雏瘦小，绒毛枯而短。④翻蛋不当：不定时翻蛋，蛋黄很容易因上浮与蛋壳粘连，造成胚胎发育不良或死胎。当蛋的倾斜角度不够，垂直进行孵化时，也会引起胚胎死亡。

（2）胚胎病预防原则

1）严格执行孵化制度　掌握好翻蛋通气技术，使蛋内受温均匀，获得充足的新鲜空气，促进胚胎健康发育。

2）不使用病种禽所产的种蛋　种蛋入孵前要贮存好，保存时间越短，孵化率越高。春、秋季保存时间不宜超过 5 天，夏季保存时间不宜超过 3 天，冬季不宜超过 10 天。

3）孵化用具要消毒　种蛋入孵前要严格消毒，消毒方法：甲醛烟熏消毒，1∶1 000 的新洁尔灭溶液喷雾种蛋表面，1∶1 000 的高锰酸钾溶液浸泡 1~2 分。

2. 生理性繁殖障碍病

（1）原因　主要包括生殖器官发育异常、繁殖年龄问题、抱窝问题、换羽问题等。

（2）防治

1）生殖器官发育异常　属于生殖器官发育不良的，淘汰母禽。

2）繁殖年龄问题　鸡和鸭只能利用一个繁殖年度，母鹅可利用 3~4 个繁殖年度，公鹅则利用 2~3 个繁殖年度。

3）抱窝问题　①通过选育减弱家禽的抱窝习性。②填服甲基睾丸素片或注射丙酸睾丸素、己烯雌酚、三合素（雄、雌、孕激素复合制剂）等可减少抱窝。③通过改变抱窝家禽的生活环境或给予强烈的刺激进而影响到其内分泌机能，导致促乳素的分泌减少，最终使抱窝中止。④散养时，及时捡蛋。

4）换羽问题　采用强制换羽措施可以防治繁殖障碍病，增加产蛋量。

3. 营养性繁殖障碍病

由于应激而引起的某些维生素缺乏是当前养殖环境变化无常的一个真实反映，维生素缺乏会导致产蛋异常。

由于饲料的单一和质量问题，微量元素缺乏在中小型养殖场时有发生，微量元素供应不足会导致畸形蛋，影响禽的繁殖。

由于蛋白质采食量不足，蛋鸡产蛋量和蛋重均显著降低。

解决营养性繁殖障碍问题要从饲料角度出发，平衡营养。

4. 环境与管理性繁殖障碍病

（1）温度　高温和严寒都会影响产蛋量，搞好夏季防暑、冬季防寒，是解决家禽繁殖障碍的有效措施。降温具体办法有：增加饮水、喷水降温、通风换气、中药降温等；保暖的具体办法有：平养的经常更换垫草、保持室温、增加营养、增加运动（如噪鸭不仅可以增加产热以御寒，还可以防止鸭过于肥胖）。

（2）光照　在种禽生产实践中，育成后期都需要通过对光照的控制来调节其性成熟期。一般控制在每天 12 小时以下。

光照强度对家禽的影响也比较明显。一般要求产蛋期家禽的光照强度维持在 38～100 勒。光照强度小，其刺激作用不充分；光照强度过大，会使家禽处于兴奋状态，容易诱发啄癖。

（3）相对湿度　在育雏期间，通风不良、湿度过大不仅造成雏鸡成活率降低，也会导致成年种鸡繁殖力的下降。

（4）空气质量　禽舍中如果氨气、硫化氢、二氧化碳超标，会直接影响禽的健康，导致繁殖障碍。解决办法是：适时通风、勤换垫料、EM 制剂除臭等。

（5）管理方面　配种比例不当、鸭鹅缺水或水质差、受惊、捡蛋不及时、断喙不及时等都会引发繁殖障碍。

5. 药物、添加剂及饲料毒素对家禽繁殖的影响

使用抗生素、抗寄生虫药物、肾上腺素以及具有抗氧化作用的中药如淫羊藿、甘草、川芎、首乌、山楂、当归等，都影响家禽的产蛋质量。

饲料毒素及抗营养因子对家禽繁殖都会造成影响。

预防办法：在家禽饲养中尽量减少药物、添加剂和劣质饲料。

6. 家禽病理性繁殖障碍病

家禽病理性繁殖障碍病包括病毒病性和细菌性两大类。

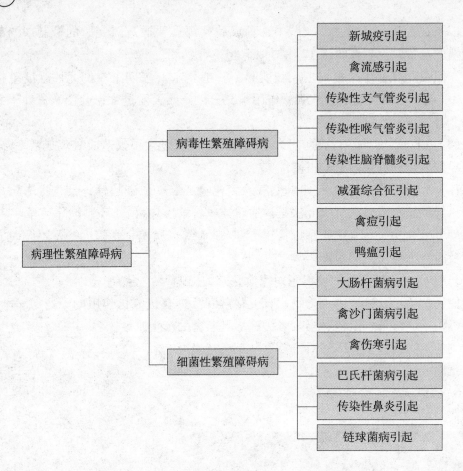

对于病理性繁殖障碍病，应从预防家禽各种疾病入手，健康的家禽才能克服繁殖障碍。

二、家畜繁殖障碍病与防治实例

（一）猪的繁殖障碍疾病

造成母猪繁殖障碍的因素有先天性、机能性、营养性、机械性和疾病性，其中以传染性疾病危害最大，目前引起猪繁殖障碍疾病的病毒有猪细小病毒、猪乙型脑炎病毒、伪狂犬病毒、猪繁殖与呼吸综合征病毒、猪瘟病毒、肠病毒等。此外，某些细菌、衣原体、寄生虫、真菌毒素、有毒气体和矿物质元素钙、磷、铜、碘、锌、锰、硒、铬及维生素 E 的缺乏，饲养管理不当等也是造成猪繁殖障碍的原因之一。

1. 原因

（1）细小病毒 受感染母猪特别是第一胎母猪分娩出木乃伊胎、死胎、弱子猪，由于病毒感染时间不同和胎儿死亡的时间不同木乃伊胎的大小很不一致，有的整胎子猪木乃伊化，有的在一胎子猪中部分木乃伊化，部分子猪健康或弱仔，比例很不一致。母猪本身没有全身症状，怀孕母猪预产期延长和发情延迟也是常见临床现象。

（2）乙型脑炎　由日本乙型脑炎病毒感染引起的繁殖障碍性疾病。蚊子是本病的主要传播者，因此，本病多发生于蚊子流行季节。怀孕母猪患该病时突然发生流产。流产的胎儿呈木乃伊化，有的死胎，有的胎儿全身水肿，也有胎儿正常并发育良好，在同一胎子猪中，体重大小和病变上有很大差异。公猪感染常见睾丸炎，多发生单侧性睾丸肿大，发病时体温升高，数日后自然康复。

（3）猪伪狂犬病　由伪狂犬病毒引起的一种病毒性传染病。哺乳子猪感染该病后呈脑脊髓炎和败血症死亡；成年猪呈隐性感染无明显症状；妊娠母猪发生流产、死胎等繁殖障碍，幼龄猪突然发病，体温升高，精神委顿，间有呕吐和腹泻，当中枢神经受侵害时，可见兴奋或麻痹，并出现一系列的中枢神经症状，妊娠母猪发生流产、死胎、木乃伊胎和弱子猪，并在出生后几天内死亡。剖检幼龄病猪有时可见扁桃体坏死，肾脏点状出血和脾、肝有坏死灶。

（4）猪呼吸和繁殖障碍综合征　也称蓝耳病。本病由 PRRS 病毒引起的，接触性传染、流行本病的猪场可见妊娠母猪流产、早产或到预产期分娩出死胎和大小不均木乃伊胎、弱子。断奶后子猪常见呼吸困难，耳朵一过性发绀，生长延缓，有的甚至死亡。

（5）猪 SMEDI 综合征　由肠病毒引起的母猪繁殖障碍性传染病，主要症状与细小病毒类似，表现为母猪产死胎、木乃伊胎、胚胎死亡和不孕症，母猪本身一般没有明显症状。

（6）迟发性猪瘟　当猪瘟病毒感染妊娠母猪时，病毒可侵害子宫的胎儿，造成母猪流产，胎儿死亡、木乃伊胎或畸形，产出活的子猪弱小，也可产出肉眼正常的子猪。

（7）衣原体病　由鹦鹉热衣原体引起的一种人畜共患传染病，带病原动物是本病主要传染源，其粪、尿、乳、流产的胎儿、胎衣、羊水等污染环境，经消化道、呼吸道传播，也可经配种或人工授精传播，吸血昆虫也可传播本病，猪衣原体病主要表现妊娠母猪流产、胎儿死亡；产死胎或弱仔、空怀母猪不育等。

（8）布氏杆菌病　由布氏杆菌引起急性或慢性人畜共患传染病，可引起患猪胎膜炎、流产、不育和睾丸炎等。

2. **防制**

（1）建立健全合理的免病程序　猪患繁殖障碍症的主要病因是病原性因素。目前已知的病毒、细菌、衣原体、寄生虫有数十种，虽不可能也没有必要全部列入免疫等程序中，但应把危害较重的乙型脑炎、细小病毒、伪狂犬病、蓝耳病和布氏杆菌病等纳入猪场整体免疫程序中。应根据该类病的发病季节、疫（菌）苗产生抗体时间和免疫期的长短，实行有计划、有步骤的程序化免疫。

（2）严格执行疫（菌）苗接种操作规程，确保其接种密度和质量　给猪接种疫（菌）苗，是提高其机体特异性抵抗力，降低易感性的有效措施。规模化猪厂应注意预防接种的重要性和必要性，特别是初产母猪在配种前这段时期（接种乙型脑炎疫苗应在3月蚊蝇未出现前），应高密度，高质量坚持连续3~5年的预防接种，就有可能达到控制和净化该病。

（3）加强母源抗体监测　子猪体内母源抗体水平的高低，直接影响和干扰抗体滴度，甚至完全抑制抗体的产生。为防止母源抗体对疫苗免疫效果的影响，对某些传染病定期进行母源抗体监测，选择无母源抗体或母源抗体滴度较低的时间接种疫苗，提高对疾病的抵抗能力。规模猪场应每年至少进行一次母源抗体监测，以便随时了解和掌握本场猪群母源抗体水平，确定初免时间，适时进行预防接种。让初生乳猪吃足含有较高浓度母源抗体的初乳，对防止此病的发生起着十分重要的作用。

（4）严把引种检疫关　引种隔离观察检疫，严防带毒种猪进入猪场是防止疫病发生的重要措施，因此，各地在引种时应认真了解供种单位的免疫程序和疫情，严禁到疫区引种。引进后应在场外隔离观察检疫2周，并进行相关的监测，结果阴性、临床观察无症状出现，接种有关疫（菌）苗产生免力后，才可入场饲养。发生可疑病猪应及时送检。规模猪场一旦发生可疑病猪，兽医人员不能确诊时，应迅速集病科或将未经治疗的病猪，送兽医部门进行检验，待确诊后，对症按规定防治，才能收到事半功倍效果。

（5）加强饲养管理　在使用饲料过程中，必须根据种猪的各阶段营养需要进行合理配置饲料，提高日粮中的维生素和矿物质等营养成分，饲喂高能量饲料。特别要确保矿物质元素钙、磷、铁、铜、锌、锰、碘、铬、硒和维生素E的正常供应，确保限制性氨基酸，特别是赖氨酸的平衡。

（6）搞好环境卫生，加强生物安全措施　一是建立严格的消毒制度。定期对猪舍地面、墙壁、设施及用具进行消毒，并保持舍内空气流通，加强冬季保温、夏季防暑降温。二是加强粪尿、病死猪管理。对正常猪的粪、尿发酵或沼气处理，对患病猪的粪尿、乳、流产的胎儿、胎衣、羊水及病死猪进行焚烧等无害化处理。三是消灭鼠、蝇、蚊传播媒介，严防狗、猫、飞鸟等其他动物进入栏舍。

（二）牛的繁殖障碍疾病

1. 原因

（1）营养性障碍　营养不良的原因是饲料中能量、蛋白质、矿物质及某种维生素供应不足，营养不良会导致育成牛达到繁殖年龄时发情微弱、不发情或胚胎早期死亡，如造成幼稚型卵巢。此外，体肥的育成牛繁殖率也低于生长状况良好的育成牛。

通过补充全价饲料，可恢复牛的繁殖能力，但推迟了繁殖年龄。

（2）器质性障碍　异性孪生母犊牛因其在胎儿期生殖器官发育受阻而丧失繁殖能力，雌雄间性和生殖道畸形都造成育成牛的繁殖障碍。

急性子宫内膜炎多发生于产后母牛，因分娩和助产时微生物入侵子宫而引起子宫黏膜发生急性炎症。慢性子宫内膜炎是由急性治疗不及时或不彻底发展而来的，这都是母牛常见的不孕的主要原因。

在选择个体母牛时要特别注意生殖系统疾病，要选择健康的母牛参与繁殖。

（3）卵巢障碍　卵巢排出异常卵或受精时间较晚造成卵子老化，都可能引起育成牛不受精或使受胎失败以及早期的胚胎死亡，不排卵或延迟排卵都是导致不孕的较重要的繁殖障碍。

通过配种时机的把握或激素的应用来解决。

（4）遗传缺陷障碍　遗传异常个体的早期胚胎是因为公母牛双方都提供了引起缺陷的基因，近亲和品系繁育使胚胎死亡率增加很多。所以，育成牛参加配种要注意与公牛家系的关系，当怀疑有这个问题存在时，可采取与无亲缘关系的个体交配。

（5）配种时机的选择障碍　奶牛的发情持续期较短，由于初次参加配种，没有其配种繁殖资料，选择适当时机配种，此时显得较为重要。有些育成牛并不适合排卵的正常模式，如果按推荐的时间或经验配种，可能会不受孕。

遇此情况，若把通常采取的配种时间提早或推迟 2h 或 3h 也许是明智的。如果这个新的配种时间导致受孕，则应将此资料记录在册，因为它可能在以后的发情周期有同样的表现。

（6）子宫颈障碍　初次配种的育成牛，子宫颈障碍极少，但给输精操作带来较大麻烦，可能出现不受孕。在育成牛适宜的配种时间，环绕子宫颈皱褶肌肉紧张，输精器难以通过，插不到输精部位，也可以说，适宜的配种时间与子宫颈皱褶肌肉松弛不同步这种情况，可能造成屡配不孕或受胎率低。也许子宫颈皱褶肌肉松弛时，正是育成牛发情旺期，但可能不是适宜配种时机。

若在发情提前几小时给予促卵泡成熟的激素，然后配种可能是明智的对策，实际中这样处理受胎效果还是可以的。

（7）激素失调　以前发情周期较为正常的育成牛，配种后已过发情周期时间后又开始发情，有可能是孕酮水平较低，激素失调导致胚胎吸收或早期胚胎死亡。反复出现此种情况应补充外源孕酮，提高孕酮水平，以帮助其维持妊娠。

（8）配种员技术障碍　冻精质量差精液品质的高低直接关系到奶牛的受胎率。严格输精操作技术规范，做到输精时间适时，输精部位适当，避免生殖道损伤，是提高奶牛受胎率的根本保证。

2. 防制

（1）合理助产　奶牛分娩时，要请专业人员进行助产，严格产房、接产用具和牛外阴部的消毒，特别要注意对难产牛、产后胎衣不下的母牛的处理，应在犊牛产出后或胎衣排出后进行子宫清洗和药物灌注处理，以预防继发感染。

（2）发情观察　注意观察奶牛发情表现，特别是外阴部排泄物的观察，注意黏液是否正常，一旦发现异常必须及时请兽医处理。

（3）严格人工授精操作规程　对人工授精器械严格消毒处理，输精前对外阴部清洗、消毒，输精操作避免粗鲁，以防损伤生殖道而继发感染，精液亦要保证不受污染。

（4）治疗疾病　常见的卵巢功能性疾病有卵巢静止、持久黄体等。奶牛卵巢静止时表现为不发情、不排卵，轻度的呈现安静发情，即发情征状不明显，直肠检查可见卵巢表面光滑、质地小而硬。对于卵巢静止的牛如不是先天性的，可用促卵泡素（FSH）100 ~ 200 单位静脉注射，或用孕马血清 20 ~ 40 毫升肌内注射或皮下注射，促使卵泡发育。持久黄体的主要特征是虽然牛未怀孕，但卵巢上有黄体存在且不消退，其数量、大小不等，多数呈蘑菇状突出于卵巢表面，质地较硬。治疗上可用促卵泡素 100 ~ 200 单位肌内注射，如无效隔 2 ~ 3 天再注射 1 次；或用氯前列烯醇注射液 4 毫克，肌内注射或子宫内灌注；或隔直肠按摩卵巢，每天 1 ~ 2 次，每次 3 ~ 5 分，连续 3 ~ 5 天。

（5）营养均衡　生产上，在避免长期饲喂质量差的饲料的同时，也要避免牛过度肥胖。要尽可能给牛提供青绿多汁饲料，特别是在冬春季节，饲喂青饲料有助于奶牛的正常发情。夏季高温时，应尽可能保持牛舍通风、凉爽。牛舍不能过分拥挤，应装有辅助通风电扇，有条件的要安装间隙式喷淋装置。多喂青饲料还利于牛的防暑降温。

（6）保持牛舍及运动场清洁、干燥　加强牛舍及运动场的卫生管理，定期喷洒消毒剂，定期清除牛粪、尿液、饲料残渣等。

（三）母羊繁殖常遇到的问题及解决方法

1. 营养性不孕症的防治

如果是营养物质供应不足造成的不孕，首先应分清原因，看是何种营养物质缺乏造成的，然后根据情况分别合理补充蛋白质、碳水化合物、维生素和矿物质。如果是蛋白质过多或肥胖引起的不孕，则首先应该减少精料、豆饼等易造成蛋白质沉积的饲料，但必须保证青饲料的供应，母羊的膘情以六七成为宜，同时要加强运动，并适当加喂食盐。

2. 生殖器官疾病引起的不孕

（1）卵巢机能衰退萎缩　表现症状：性周期长，久不发情，子宫收缩力减弱，泌乳明显下降。防治办法：用三合激素，每10千克体重1毫升肌内注射。

（2）持久黄体　表现症状：性周期停止，母畜不发情，个别母羊出现很不明显的发情。防治办法：①三合激素10千克体重2毫升肌内注射。②用前列腺素5毫升加20毫升生理盐水灌注子宫。

（3）卵巢囊肿　分为卵泡囊肿和黄体囊肿

1）卵泡囊肿　表现症状：母畜频频发情，外阴部下垂、充血，卧地时外阴门张开，伴随流出透明的分泌物，性情粗野，严重时叫声变粗好似公羊声，频频爬跨，频频排尿，尾部出现凹陷，每次发情期6~8天，直肠检查时患侧卵巢肿大，卵泡皮厚富有弹性，摸到实质部，有卵泡液波动。治疗办法：用黄体酮50~100毫升肌内注射，每天1次，连续3天。或用人绒毛膜促性腺激素加30毫升生理盐水每天冲洗子宫，连续3天。

2）黄体囊肿　表现症状：完全停止发情，卵巢上黄体块突出，且富有弹性。治疗办法：子宫内用前列腺素5毫升加生理盐水20毫升冲洗，注射人绒毛膜促性腺激素200~500单位，用针刺法去除囊液。

（4）子宫疾病　包括子宫复位不全与子宫内膜炎。

1）子宫复位不全　表现症状：产后恶露滞留或排出时间延长，子宫颈在生产后1~2周仍开放，恶露从浅红色渐渐变成黏液性。防治办法：先补液结合抗生素治疗；脑垂体后叶激素50~100单位肌内注射，宫炎康灌注。

2）子宫内膜炎　表现症状：母畜的发情周期及发情表现正常，直检时触诊子宫较肥厚，阴道中存有从子宫分泌的稍浊的黏液状炎性分泌物。防治办法：菌必治冲洗后子宫内放入土霉素，效果更好。对不明显的子宫炎，可在配种前1~2小时，用80万单位青霉素和100万单位链霉素加5~10毫升生理盐水冲洗，然后配种。

3. 反复输精产生免疫而造成不孕

精子具有抗原性，多次重复交配和反复输精会使母畜产生免疫反应，每输精一次，母畜血清与精子凝集性就增高一次。防治办法：对产后子宫复旧不全或母畜有病者不可输精。对于四个发情期内输精不孕时，在以后两个性周期内不予输精。

4. 母羊产前瘫痪

产前瘫痪是母羊前1~2个月常见的一种代谢病。多发生在体况过瘦或过肥的妊娠后期的母羊，特别是高产母羊，一旦治疗不当，往往造成母子双亡的后果。

（1）早发现，早治疗　本病的发生，开始一般只出现跛行现象，其他体征一般正常，往往引不起注意，如果体况明显过瘦或过肥的妊娠后期母羊一旦发现跛行，并且患肢无明显红肿热痛，强迫运动，跛行不减轻，那么即可怀疑是本病，尽早治疗效果良好。一旦发展到卧地不起，采食量下降，大多治疗的效果不佳。

（2）调酸补糖　本病特征是低糖高酮，机体伴有酸中毒，所以最好选用5%碳酸氢钠液250毫升、5%葡萄糖200毫升静脉滴注，尽快提高血糖浓度和纠正酸中毒。

（3）科学补磷　此病的治疗要注意补钙和补磷，尤其要注意补磷。一般来说，反刍动物不容易缺钙，单纯补钙疗效不好。

（4）及时引产　由于本病多发于高产母羊，怀孕羊多因怀羔过多而严重营养不良，如果一旦发生卧地不起，要及时引产来减少母羊的负担。否则羔羊即使正常产出也会因体弱而成活率低。

（5）适当治疗　患羊因出现运动障碍，为防止肌肉萎缩可注射维生素 B_{12}，适当使羊兴奋，可用些中枢兴奋药，如安钠咖等，如输液40分后不见排尿可用利尿药如速尿等，见尿可适当补钾。

（6）注意护理　病羊一旦卧地不起，要单独放在垫草较厚的地方，防止长期卧地致使骨棱处的皮肤磨破，应及时给其翻身，防止长褥疮，同时饲喂质量较好的草料。

5. 母羊产后无乳

母羊产后无乳最明显的特点是母羊不能让羔羊安静地吃奶，羔羊吃奶次数增加，羔羊不时发出饥叫声。乳房挤奶无乳汁。具体治疗措施：速效催乳20毫升口服，连用2天，早晚各一次，同时在肠胃负担大的情况下给增加一些蛋白高的精饲料，如豆饼水撒一些鱼粉，给多汁的饲料如胡萝卜等和一些易消化的叶类饲料让其吃，经过两天的治疗，基本上可见效。

（四）母兔常见繁殖疾病及防治

1. 母兔怀孕终止

母兔怀孕终止后，排出未足月的胎儿称为流产；怀孕足月但产出已死的胎儿称为死产。

（1）病因　引起流产与死产的原因很多。各种机械性因素，如剧烈运动、捕捉保定方法不当、摸胎用力过大、产箱过高、洞门太小或笼舍狭小使腹部受挤压、撞击等均可造成流产。强烈的噪声、突然的响声、猫狗及野生动物窜入造成惊吓，饲料营养不全，尤其是某些维生素和微量元素不足，饲料中毒，生殖器官疾病，以及某些急性、热性传染病和重危的内外科疾病，也可引起流产与死产。有些初产母兔在产第一窝时高度神经质，母性差，也会造成死产。另外，内服大量泻剂、利尿剂、麻醉剂等也能引起流产与死产。

（2）症状　一般在流产与死产前无明显症状，或仅有精神、食欲的轻微变化，不易注意到，常常是在笼舍内见到母兔产出的未足月胎儿或死胎时才发现。有的怀孕15~20天，衔草拉毛，或无先兆，产出未足月的胎儿。有的比预产期提前3~5

天产出死胎。有时产出一部分死胎、一部分活胎儿。产后多数体温升高，食欲不振，精神不好。有时产后无明显症状。

（3）防治　加强饲养管理，保持兔舍安静。对流产后的母兔，应喂给营养充足的饲料，及时用抗菌类药物口服或注射，控制炎症以防继发感染。

2. 难产

（1）病因　产力不足、产道狭窄和胎儿异常。饲养管理不当，使母兔过肥或瘦弱，运动和日照不足等可使母兔产力不足。早配，骨盆发育不全，盆骨骨折，盆腔肿瘤等可造成产道狭窄而难产。胎势不正或胎儿过大、过多、畸形、胎儿气肿。

（2）症状　孕兔已到产期，拉毛做窝、子宫阵缩、努责等分娩预兆明显，但不能产出子兔。或产下部分子兔后仍起卧不安，频频排尿，触摸腹部仍有胎儿，有时可见胎儿部分肢体露于阴门外。

（3）防治　应根据原因和性质，采取相应的助产措施。对产力不足者，可应用脑垂体后叶素或催产素，配合腹部按摩助产。配种后 31 天仍未产子时，应检查母兔，如确认正常怀孕，应用脑垂体后叶素或催产素催产，以免难产。催产无效或因骨盆狭窄及胎头过大，胎位、胎向、胎势不正不能产出时，可消毒外阴部，产道内注入温肥皂水或润滑剂，矫正胎位、胎向、胎势后将子兔拉出。拉出困难时，强拉会损伤产道，可分割胎儿或剖腹取胎。

家兔剖宫产时，取仰卧或侧卧保定，在耻骨前沿腹正中线，术部剃毛，用 75% 酒精或 0.1% 新洁尔灭液消毒，0.5% 盐酸普鲁卡因液局部浸润麻醉，切开腹壁，取出子宫，并用大纱布围裹，与腹壁隔离，切开子宫取出胎儿及胎衣，清洗消毒、缝合、还纳子宫，常规方法缝合腹膜、腹肌及皮肤。术后应用抗生素注射 3 ~ 5 天。

3. 不孕症

（1）病因　母兔不孕比较常见，其原因是多方面的。母兔患有各种生殖器官疾病，如子宫炎、阴道炎、卵巢肿瘤等是不孕的主要原因。母兔过肥、过瘦；饲料中蛋白质缺乏或质量差，维生素含量不足；换毛期内分泌机能紊乱，以及公兔生殖器官疾病、精液不足或品质差，也是不孕的重要原因。葡萄球菌病、李氏杆菌病、兔梅毒等也可造成不孕。

（2）防治　应及时治疗生殖器官疾病，对屡配不孕者，应予淘汰，平常应注意饲料营养配合全面，合理饲喂，避免兔过肥或过瘦，配种前 5 ~ 10 天适当补充维生素 E。保证光照时间，每天 12 ~ 14 小时，短日照期可补充人工光照。应避免长期处于高温环境，特别是种公兔。若因卵巢机能降低而不孕，可皮下或肌内注射促卵泡素（FSH），每兔 0.6 毫克，用 4 毫升生理盐水溶解，每天 2 次，连用 3 天，于第四日早晨母兔发情后，再耳静脉注射 2.5 毫克促黄体素（LH）后马上配种。

4. 妊娠毒血症

（1）病因　本病为母兔怀孕后期的一种代谢性疾病，原因尚不十分清楚，目前认为与营养失调和运动不足有关。

（2）症状　临床症状表现不一，轻的无明显临床症状，重的可迅速死亡。一般表现精神沉郁，呼吸困难，呼出气体带有酮味（似烂苹果味），尿量减少。死前可发生流产、共济失调、惊厥及昏迷等神经症状。

（3）病理变化　剖检可见母兔卵巢黄体增大。肝、肾、心脏苍白，脂肪变性。

（4）防治　加强对母兔的饲养管理，维持七八成膘情。在妊娠后期供给富含蛋白质和碳水化合物的饲料，不喂腐败变质饲料，避免饲料的突然更换和其他应激因素。发现病兔后应静脉注射葡萄糖液、维生素 C。饲料或饮水中加葡萄糖粉、多种维生素。

解决母兔繁殖障碍的方法

①换笼饲养。将不发情的母兔放在宽大的兔笼中，通过改变生活环境，可促使其发情。

②加强运动。将不发情的母兔每天早晚放到室外运动 2 小时，连续 5 ~ 7 天。一般对膘情正常而不发情的母兔，通过加强室外运动，会有明显的效果。

③公兔诱情。每天用试情公兔刺激母兔。这样公兔的性刺激作用于母兔神经系统，使脑下垂体产生促卵激素，促进母兔发情和排卵。

④注射药物。给不发情的母兔肌内注射乙烯雌酚 1 ~ 2 毫升，待 3 天后，母兔发情，不使其排卵，因而需待母兔下一星期自然发情时，才与公兔交配。也可肌内注射三合激素注射液 1 ~ 2 毫升，促进母兔发情、排卵。

⑤民间药方。熟地、当归、淫羊藿各 10 克，酒芍、甘草、茯苓各 6 克，桂枝 2 克，共用水煎为浓药液，加糖适量，米酒少许混合饲喂，每只每次内服 10 毫升，1 日 3 次。连用 3 天，对长久不发情的母兔，能使其排卵和受孕。

三、家禽繁殖障碍病及防治实例

（一）环境与管理不当引起的鸡繁殖障碍病及防治

1. 环境温度

鸡适宜繁殖的环境温度为 15 ~ 25℃，冬季温度不低于 10℃、夏季温度不高于 28℃。

（1）高温对鸡繁殖的影响及控制　环境气温超过 30℃时，鸡表现为热喘息、心率加快、体内氧化过程加剧、粪尿排泄增加等。高温引起鸡采食量下降，容易导致营养缺乏问题。公鸡的精液品质下降、配种频率减少；母鸡产蛋量下降、蛋壳变薄、破裂蛋增多、蛋内容物含水量增高，种蛋受精率和孵化率下降等。

降低环境气温的措施

在鸡舍内安装水喷雾系统，雾滴大小以易蒸发、不易落地面为宜。喷雾时切忌忽冷忽热，同时保持鸡舍良好的通风。

在鸡舍的两侧吊装麻网或栏舍一端设置网墙，配置自流水系统和换气扇，使进入舍内的热空气得到预冷。

在鸡舍屋顶搭设遮阳网的方法，缓解热应激的效果也比较明显。

在鸡舍前后大量种植阔叶乔木，如速生杨、泡桐等；在空地上广泛种植草被，并经常保持草地湿润。

将白天投料改为晚上或早晨投料。

白天尽可能减弱栏舍的光线。

在饮水中添加适量氯化钠或氯化钾，可使饮水量增加和降温效果加强。

在饲料中添加适量的维生素C、维生素E及其他缓解剂。

投喂或投饮清热中草药，用清热泻火、清热燥湿、清热解毒、清热凉血和清热解暑中草药，如荷叶、黄芩、板蓝根、蒲公英、穿心莲、白花蛇舌草、生地、白头翁等。

（2）低温对鸡繁殖的影响及控制　当环境温度低于8℃时，产蛋率会下降。低温还会影响鸡的交配活动，降低精液质量，进而造成种蛋受精率降低。

冬季保温的措施

把鸡舍西、北面的窗户用草苫进行遮挡，防止冷风直接吹进鸡舍。必要时在鸡舍内加热。

在饲料中要适当增加玉米等能量饲料的比例。

饮水用温水、拌料用热水都有助于减少鸡体热损失和消化道疾病的发生。

适当提高饲养密度。

平养或散养的鸡，舍内铺厚垫料，以10厘米厚为宜，并保持垫料的干燥，防止家禽卧在裸露的地面受凉。控制舍外活动时间。

2. 光照

为了保证成年鸡生殖系统机能的正常和稳定，要保证每天的光照时间在14～16小时。光照强度维持在38～100勒。

3. 相对湿度

控制鸡舍内相对湿度的措施

舍内地面应垫高，比舍外高出 15～25 厘米。

保持舍内的供水系统良好，防止其漏水、溢水。

及时更换潮湿垫料。

加强通风，降低禽舍内相对湿度。

防治鸡拉稀。

4. 空气质量

（1）有害气体对鸡繁殖的影响　鸡舍内氨气浓度应尽量控制在 10 毫克/米^3 以下。鸡舍中硫化氢的浓度应控制在 8 毫克/米^3 以下。二氧化碳含量过高会影响鸡正常的生理功能。

（2）鸡舍有害气体的控制　降低鸡舍中氨气、硫化氢、二氧化碳的浓度，可减少对鸡危害。

降低有害气体的措施

及时清除粪。

搞好通风换气。用煤炉进行保温育雏时，切忌门窗长时间紧闭，煤炉必须有通向室外的排烟管，使用时检查排烟管是否连接紧密和是否畅通等。用甲醛熏蒸消毒时应严格掌握剂量和时间，熏蒸结束后及时换气，待刺激性气味排尽后再转入禽群。

平养鸡舍要勤添加、更换垫料。笼养鸡舍用 0.2% 过氧乙酸溶液每立方米喷雾 30 毫升，每周 2 次。

在垫料中按每平方米地面混入 0.5 千克硫黄，可抑制粪便中的氨气产生和散发，降低鸡舍空气中氨气含量。

5. 管理不当

包括配种比例不当、应激反应、饲养密度、拣蛋时间与次数、断喙不当等都会引起繁殖障碍病。

（二）细菌性疾病对鸡繁殖障碍病的影响及防治

1. 大肠杆菌病对鸡繁殖的影响及防治

（1）影响　输卵管炎型和卵黄性腹膜炎型常通过交配或人工授精感染，多呈慢性经过，并伴发卵巢炎、子宫炎。母鸡产蛋减少或停止产蛋，呈企鹅站立姿势，腹下垂，恋巢，消瘦死亡。

（2）防治措施 搞好禽舍空气净化。加强鸡舍的消毒。采精、输精严格消毒。疫苗免疫。药物治疗。

2. 沙门菌病对鸡繁殖的影响及防治

（1）影响 鸡产蛋率低或根本不产蛋。有些鸡因卵巢或输卵管受到侵害而导致卵黄性腹膜炎，出现"垂腹"现象。

（2）防治措施 做好鸡白痢、鸡伤寒、鸡副伤寒的防治。

附 家畜难产的处理及种蛋孵化破壳助产

一、母猪难产的处理

1. 难产的原因

一是饲养管理不当，母猪营养差，体质瘦弱，或母猪过于肥胖，运动不足，缺乏青绿饲料；或者猪龄老，胎猪过多等，引起母猪子宫收缩无力，娩出力弱，有时开始分娩顺利，后来剩下 3~4 个胎猪无力排出。

二是胎猪过大，胎位不正，胎猪畸形以及 2 个胎猪同时楔入产道等，使胎猪不能顺利产下。

三是母猪发育不良，配种过早等，母猪骨盆狭窄，产道狭窄，影响胎猪产出。

2. 难产的表现

因分娩无力的难产，表现努责次数少、力量弱，分娩开始后长时间不能产出胎猪。

因胎儿异常引起的难产，往往产道开张情况和分娩力正常，但不见胎猪产出。

因产道狭窄的难产，表现阴门松弛开张不够，分娩力正常，但仅流出一些胎水，而不能产出胎猪。如果产程过长，救治不当，则母猪衰弱，心跳减弱，呼吸轻微，严重的母猪在 2~3 天内死亡。

3. 难产的预防

注意选种选配，避免近亲交配。母猪要在 10 月龄以后才能配种。注意给怀孕母猪适当的运动和喂给适量的青绿饲料和矿物饲料，合理搭配饲料，防止母猪过肥和消瘦。母猪临产时要有专人守护，以便发生难产时及早发现，及时救治。

4. 产道检查

难产在临床上的表现都不是单纯的，必须通过产道检查，找出造成难产的主要原因，采取相应的救治措施，才能收到好的疗效。产道检查是诊断难产的主要方法。将母猪保定，尾巴拉向一侧，用清水、肥皂将阴门、尾根、臀部及附近洗净，然后用 0.1% 来苏儿水或 0.01% 的新洁尔灭冲洗消毒。检查者剪去指甲露出手臂，进行检查。五指并拢慢慢伸入产道，感觉伸入是否困难。触诊子宫颈是否松软开张、开张多大，骨盆腔是否狭窄，是否有损伤，胎儿是否能通过。接着手伸入子宫触摸胎猪的大小、死活，姿势是否正常，是否两胎猪同时楔入产道等。在此检查基础上决定救治方案。

5. 难产的助产

（1）徒手牵引 用绳子或产钳协助手通过产道取出胎猪。适用于胎儿过大，两胎儿同时楔入产道，分娩力弱，手可触及胎儿时，或在截胎器协助下取出畸形胎儿等。

（2）药物催产　适用于产道开张较好，胎儿姿势正常，单纯的分娩力弱，特别是大部分胎猪已产出，仅剩下少数胎猪而母猪过分疲乏，子宫收缩无力时，常皮下或肌内注射垂体后叶注射液或催产素 10～50 国际单位。为防引起子宫强烈收缩，可分 4～5 次注射，每次间隔半小时。注意：麦角制剂会引起子宫强烈收缩，临床上要慎用，尤其在胎儿过大或产道狭窄时，滥用麦角制剂反而使胎儿更难产出。

二、母羊难产的处理及假死羔羊的抢救

1. 母羊难产的处理

母羊难产多见于初产母羊及产道和骨盆狭窄、胎儿过大及老龄羊体质虚弱、子宫收缩无力等原因，在羊膜破水后 20 分左右，母羊不努责，胎膜出不来，就应及时助产。

助产的主要方法是拉出胎儿。助产人员应先将指甲剪短磨光，手臂用肥皂水洗净、消毒，涂上润滑剂，然后进行助产。胎儿过大时应将母羊阴门扩大，把胎儿的两前肢拉出来送回去，反复三四次后，一手拉前肢一手扶头，随母羊努责慢慢向后下方拉出，应注意用力不要过猛。胎位不正时，应随母羊努责将胎儿推回腹腔，胎位拨正后，将助产绳套在羔羊的两前肢或后蹄的系部处，顺着母羊努责慢慢拉绳子，把蹄子顺产道拉出，接着把整个羔羊拉出。胎水流失过多时，可注入润滑剂，用手抓住羔羊的前肢或后肢随母羊的努责顺势向母羊的后下方轻拉羔羊就可产出。对一胎多产的母羊，在产完第一羔后，母羊身体疲惫引起努责无力影响第二个羔产出时，可注射催产素 0.2～2 毫升助产。母羊由于骨盆狭窄、胎儿过大经助产无法产出或胎儿畸形时，可采取剖宫产。

2. 羔羊假死的抢救

羔羊发育正常，但生下后不呼吸或有呼吸微弱，而且肺部有啰音，心脏仍有跳动，这种现象称为"假死"。造成羔羊假死主要是由于胎儿过早呼吸而吸入羊水、难产或助产时间过长等原因。

羔羊假死时，要及时进行抢救。具体方法是：

一是进行人工呼吸，以两手分别握住羔羊的前肢和后肢，慢慢活动胸部，或在鼻腔内进行人工吹气，羔羊很快就会正常呼吸。

二是将羔羊呼吸道内的黏液或羊水完全清除干净，用酒精或碘酒滴入羔羊的鼻孔内刺激羔羊呼吸。

三是将羔羊两后肢提起悬空并拍打背、胸部。

四是对冻僵的羔羊，应立即将其移进暖室进行温水浴。水温由 38℃ 开始逐渐增加到 45℃，温水浴时，要将胎儿头部露出水面，同时结合腹部按摩，待羔羊苏醒后，应立即擦干全身，以防受凉感冒。

三、母牛难产的处理

1. 难产的原因

一是母体性难产。母体性难产的主要原因是指子宫肌、膈肌和腹肌收缩异常，以及各种引起产道狭窄或阻止胎儿正常进入产道的各种因素，如骨盆骨折、配种过早而骨盆过小，营养不足而骨盆发育不全，或阴门发育不全，子宫扭转等。

二是胎儿性难产。胎儿性难产，主要是由于胎向、胎位及胎势异常，胎儿过大等引起。如胎儿倒生、胎儿四肢屈曲于身体之下，胎儿头颈侧弯、下弯及上弯，畸胎，巨型胎儿等。

除上述原因外，还有外伤性、遗传性、环境性、饲养管理性因素等均能引起难产。

2. 难产的检查

（1）产道检查　首先清洗和消毒母牛的外阴部及检查者的手臂，然后检查产道、首盆腔是否狭窄、子宫颈是否完全开张，产道是否干燥、有无水肿和损伤等。

（2）胎儿检查　检查者将手伸入胎膜内，检查胎儿进入产道的程度，正生或倒生、胎势、胎向、胎位及胎儿的死活等情况。

（3）全身检查　主要是检查母牛的精神状态、体温、脉搏、呼吸和结膜色彩以及阵缩、努责的强弱，能否站立等情况，以确定是否需要对母牛进行治疗，以及确定助产方法。

3. 人工助产

（1）推进胎儿　推进胎儿是为了便于位出，可先向子宫内灌注多量的温肥皂液，或液体石蜡，然后用手或产科抵在胎儿的适当部位，趁母牛不努责时，用力推回胎儿。

（2）矫正胎位　术者在用一只手推进胎儿的同时，另一手立即拉正异常部位，或者设法将产科绳套在胎儿的异常部位，在助产都推进胎儿的同时，由助手拉绳纠正它，但须注意，保护产道，免受胎儿蹄部、唇等部位损伤产道。

（3）拉出抬儿　当胎儿已成正常姿势、胎向或胎位时，应可用手握位蹄部，必要时可用产科绳拴上，同时用手拉住胎头，随着母牛的努责把胎儿拉出。

四、禽蛋孵化常见的问题及处理

1. 禽蛋孵化常见的问题

（1）种蛋没有血丝、血环　原因是无精蛋，种蛋贮存太久，种蛋贮存时温度和湿度不当，种蛋熏蒸消毒过甚。

（2）幼雏完全形成，存留大量未吸收的卵黄，未啄壳，在 18～21 天死亡　原因是孵化机湿度过低，出雏机湿度过高或偏低，孵化温度不当或出雏机温度偏高，通风不良，胚胎感染。

（3）出壳太迟　原因是孵化机温度太低，种蛋贮存过久，孵化室内温度变化不定，孵化机湿度过高。

（4）壳被啄破，幼雏无力将啄孔扩大　原因是出雏机湿度太低，出雏机通风不良，短时间的超温或温度偏低，胚胎受感染。

（5）啄壳中途停止，部分幼雏死亡，部分仍存活　原因是种蛋大头向上，转蛋不当，出雏机湿度偏低，出雏机通风不良，短时间超温。

（6）提早出壳，幼雏脐部带血　原因是前 19 天孵化温度太高，湿度过低。

（7）幼雏腹大而柔软，脐部收缩不良　原因是温度偏低，通风不良，湿度太高。

（8）幼雏绒羽短、眼部沾有很多绒毛　原因是温度高，湿度低，出雏机通风过度，初生雏在出雏机内放置太久。

（9）幼雏与壳膜粘连　原因是种蛋水分蒸发过多，出雏机湿度太低，转蛋不正常。

2. 幼雏破壳困难时的人工助产

（1）破壳而不能脱壳的　当横断线处的蛋壳已变黑，内膜已变成枯黄色时（说明胚胎已发育完全），可用手指扩大啄孔上部，将鸡头放正，使雏鸡自然展身脱出。

（2）啄孔较大，露出的绒毛已干，而不能脱壳的　原因多为湿度太低，除了继续扩大啄孔外，可把蛋壳下半部置于温水中浸泡几分钟，或喷以温水，放回出雏器内，让其自然脱壳。

（3）对小头破壳蛋的处理　如因胎位不正而在小头啄壳的（但此时不得使其下身脱壳），可自行脱壳。雏鸡啄壳一般在蛋的大头，可扩大啄孔，将雏头挖出放回出雏器内，过数小时即。

（4）对掏洞蛋的处理　有的幼雏由于体质先天衰弱，仅在初破口处啄一小圆洞，伸出雏头，却无能力破壳。此时如壳膜已变成枯黄色，可帮助破壳、脱壳。

（5）对因蛋内黏液胶住而不能出壳者，只要壳膜已变枯黄色，尿囊血管已经萎缩，即可以剥去大端蛋壳，将雏鸡轻轻拉出，用温水洗去绒毛上附着的黏液，擦拭后，放回出雏器继续孵干绒毛。

注意：在人工破壳助产时，切勿随意剥壳，应注意其壳膜和尿囊血管的色泽和状态。如时间掌握不当，尿囊血管尚未干枯就强行剥壳，往往会因拉断血管而造成大量出血，反而有害无益。只有在壳膜已变成枯黄色，尿囊血管已经干枯的情况下，才能进行破壳助产。

复习思考题

1. 畜禽繁殖力的指标有哪些？如何计算？
2. 畜禽繁殖障碍病的原因是什么？应采取什么措施？
3. 提高母畜繁殖力的措施有哪些？